食用菌

规模化生产与经营

戴丽君　祁登荣　李万斌　编

中国农业科学技术出版社

图书在版编目（CIP）数据

食用菌规模化生产与经营 / 戴丽君，祁登荣，李万斌编．—北京：中国农业科学技术出版社，2020.5

ISBN 978-7-5116-4632-3

Ⅰ．①食… Ⅱ．①戴… ②祁… ③李… Ⅲ．①食用菌－蔬菜园艺 Ⅳ．①S646

中国版本图书馆 CIP 数据核字(2020)第 036292 号

责任编辑 闫庆健 马维玲

责任校对 李向荣

出 版 者 中国农业科学技术出版社

北京市中关村南大街 12 号 邮编：100081

电 话 （010）82109705（编辑室）（010）82109704（发行部）

传 真 （010）82109705

网 址 http: //www.castp.cn

经 销 者 各地新华书店

印 刷 者 北京建宏印刷有限公司

开 本 787 mm×1092 mm 1/16

印 张 11.5

字 数 177 千字

版 次 2020 年 5 月第 1 版 2020 年 5 月第 1 次印刷

定 价 48.00 元

◀版权所有·侵权必究▶

（本图书如有缺页、倒页、脱页等印刷质量问题，直接与印刷厂联系调换）

作者简介

戴丽君，女，1983年出生，毕业于云南农业大学，农学硕士，农艺师，现担任宁夏回族自治区固原市彭阳县科技服务中心项目办主任。先后担任食用菌产业研发、中药材规范化栽培技术研究、科技项目申报管理工作，参与完成《低镉品种姬松茸栽培技术集成示范推广》《食用菌废菌料循环利用节本增效技术示范》等区市科技项目20多项，鉴定科技成果3项，取得农业研发系列实用新型专利9个，发表专业学术论文6篇，其中1篇为英文核心期刊。曾获得最美彭阳人—最美农技人、彭阳县最美科技人、农业系统先进工作者等荣誉。

祁登荣，男，1973年出生，大专学历，高级林业工程师，为彭阳县福泰菌业有限责任公司创始人。在职期间带领全公司获得成果：2011年被授予宁夏回族自治区食用菌产业专家服务基地；2012年获得“有机产品”认定；2013年被固原市评为“市级龙头企业”；2014年被彭阳县科技局授予“优秀企业”；同年被评为国家农业标准化示范基地；2015年被宁夏科技厅经信委评为“科技型中小企业”，同年被宁夏大学授予“研究生工作站”和“特色产业基地”；2016年被评为“区级重点龙头企业”，“六盘山珍”食用菌品牌获得宁夏著名商标，2017年被中国国际有机食品博览会组委会评为“第十一届中国国际有机食品博览会暨BioFach China 2017产品金奖”。获得“液态菌种恒温水循环系统”“食用菌无菌接种和预培养空气净化系统”实用新型专利。

李万斌，男，1976年9月出生，高级农艺师，农业推广硕士，主要研究方向：实验示范与推广，农民培训、科技创新项目管理，现代农业科技园区建设等。先后在《科技视界》《科技信息》《农家科技》《宁夏农林科技》等核心期刊上发表论文10余篇。主持完成区级项目8项，参与省部级课题多项，参与完成横向课题多项，参编教材多部。曾获得宁夏科技进步三等奖1次，二等奖1次。

前　言

食用菌营养丰富、味道鲜美，符合联合国粮农组织倡导的21世纪天然、营养、健康的保健食品要求，是国际公认的健康食品。食用菌产业具有不与人争粮、不与粮争地、不与地争肥、不与农争时、不与其他行业争资源的产业优势；具有点草成金、化害为利、变废为宝、无废生产的特点；可以大量消化工农业有机废弃物，减轻环境压力，有利于农业循环经济模式的形成，符合建设资源节约型、环境友好型的经济发展要求。因此，食用菌产业具有广阔的发展前景。

人类从事食用菌栽培具有悠久的历史，传统上是以单户或者多户合作模式，采取“手工作坊”的方式进行种植。近年来在国家政策的扶持下，传统农户种植模式逐步演化为地区合作社或者“企业＋农户”的规模化生产模式，由合作社或企业提供菌种、资金及技术支持，农户负责种植，再通过合作社或者加工流通企业统一销售。

本书在编写过程中力求语言通俗易懂、简明扼要、注重实际操作，主要介绍食用菌基础知识、食用菌菌种生产技术、食用菌栽培技术、食用菌规模化生产、食用菌病虫害防治、食用菌的储藏与加工和食用菌产品的市场营销七大方面内容，可作为相关人员的培训用书及食用菌生产农户的参考用书。

当前，我国正处于改造传统农业、发展现代农业的关键时期，大量先进农业科学技术、高效率设施装备、现代化经营管理理念被逐步引入农业生产的各个领域，所以对高素质职业化农民的需求越来越迫切。希望本书能对食用菌的规模化生产与经营起到促进、推动作用。由于水平所限，书中不足之处在所难免，敬请广大读者批评指正。

编　者

2019年12月

前言

2006年1月

目　录

第一章　食用菌基础知识概述 …… 1
第一节　食用菌在国民经济中的地位 …… 3
第二节　食用菌的种类及分布 …… 6
第三节　食用菌的营养价值 …… 9
第四节　食用菌生产的综合利用 …… 17
第二章　食用菌菌种生产技术 …… 19
第一节　食用菌一级菌种制作技术 …… 21
第二节　食用菌二级、三级菌种制作技术 …… 34
第三章　食用菌栽培技术 …… 41
第一节　鸡腿菇栽培技术 …… 43
第二节　海鲜菇栽培技术 …… 49
第三节　杏鲍菇栽培技术 …… 53
第四节　平菇栽培技术 …… 56
第五节　双孢蘑菇栽培技术 …… 67
第六节　猴头菇栽培技术 …… 71
第七节　香菇栽培技术 …… 74
第八节　茶树菇栽培技术 …… 78
第九节　灵芝栽培技术 …… 81
第四章　食用菌规模化生产 …… 93
第一节　食用菌规模化生产概述 …… 95
第二节　食用菌规模化生产理论及特征 …… 97

第三节　食用菌规模化生产的厂房及设备……100
第四节　食用菌规模化生产工艺……103
第五章　食用菌病虫害防治……111
第一节　食用菌主要病害的识别与预防……113
第二节　食用菌主要虫害的识别及防治……123
第三节　食用菌主要病虫害的综合防治……136
第六章　食用菌的储藏与加工……141
第一节　食用菌的保鲜……143
第二节　食用菌加工……150
第七章　食用菌产品的市场营销……159
第一节　食用菌产品的市场分析……161
第二节　食用菌国内外市场的营销策划……167
参考文献……172

第一章　食用菌基础知识概述

食用菌，俗称“蘑菇”或“菇”“菰”“蕈”“菌”“耳”，是可供食用、能形成大型肉质或胶质子实体或菌核组织的真菌的总称。目前，世界上已被描述的真菌有12万余种，能形成大型子实体或菌核组织的有6 000余种，可供食用的有2 000余种。

食用菌栽培是指模拟食用菌的生态环境和生长发育条件，人工栽培食用菌的过程。食用菌栽培的发展经过了两个阶段：一是把野生食用菌驯化成栽培食用菌，二是把木材培养演化为代用料栽培。现在食用菌在全球被广泛食用，食用菌产业已成为重要的农业支柱产业。

第一节　食用菌在国民经济中的地位

一、食用菌是粮食的替代品

我国人口众多，粮食消费占比非常大。发达国家如美国，每人年消费谷物900千克，比发展中国家高5倍，但美国人均直接食用的谷物只有90千克/年，其余810千克作为饲料，用于肉、蛋、奶制品的生产。动物蛋白的生产需要消耗大量的谷物，生产1千克猪肉要消耗4千克粮食，生产1千克鸡蛋要消耗3千克粮食，生产1千克牛肉或牛奶要消耗7千克粮食。过多地食用动物蛋白不益于人的健康，易引起高血压、心脏病和糖尿病。为节约粮食和保障人民健康，必须开发新的食物来源。食用菌不仅味道美，而且蛋白质等营养丰富，是很理想的一个食物来源。

二、充分利用废弃光合产物

在土壤上种植作物，收获对象是种子、果实，剩下的如稻秆、麦秆、玉米秆、甘蔗渣、棉籽壳等大量废弃物富含纤维素，通过栽培食用菌可把它们变成可口食品。据估算，每亩①的标准大棚栽培平菇，可消化农业废弃物棉籽壳15~20吨，栽培周期3~4个月，产鲜菇15~20吨，相当于4.5倍耕地生产的粮食。我国每年产生秸秆、皮壳、树枝、树皮、木屑、禽畜粪便等农林牧废弃物30亿吨左右，如果5%用于生产食用菌，至少可生产1 000万吨干食用菌，相当于用饲料粮1.22亿~1.28亿吨生产1 600万吨牛肉。若以提供蛋白质的量计算，干食用菌的蛋白质含量平均为24%，是牛肉的1.6倍。

---

① 1亩≈667平方米，全书同。

三、食用菌生产是节水农业

生产1千克鲜平菇平均用水3千克，相当于蔬菜的14.3%；1千克食用菌干品平均用水30千克，相当于粮食的3.3%。2011年，我国食用菌鲜品生产与相同产量的蔬菜和粮食相比，分别节水4.25亿立方米和242.5亿立方米。

四、减少土地使用面积

食用菌在适宜的培养条件下都能正常生长，这些条件可以人为创造，也可以是自然条件。因此，人们可以充分利用林下空地、空闲房屋和其他不适于粮食、水果等生产的干旱贫瘠土地进行食用菌生产。

五、促进商品生产和其他产业的发展

食用菌生产既可以作为农业技术在乡镇推广，也可以作为城市工厂化的工业项目；既能解决农村闲散劳动力、城市待业青年、下岗职工的就业问题，还可以促进菌种生产商、食用菌销售商、原材料生产者（如农场、林场、牧场、糖厂、木材加工场）、运输行业、栽培户、加工户、外贸部门的发展。可以说，“一业兴，百业兴”。福建省古田县就有“一朵白木耳，养活二十三人”之说。

食用菌生产创立的“种养业副产品→食用菌→有机肥、饲料→种养业”循环经济模式，不仅具有投资少、周期短、见效快、效益好的特点，还使农业资源得到了高效、优质、生态、安全的循环利用。如果在农作物秸秆的重点产区和老少边穷地区发展食用菌产业，既能提高土地和水资源的利用效率，减少农业生产废弃物对环境的污染，又能吸纳大量的农村剩余劳动力，大幅增加农民收入。

六、出口创汇

我国有得天独厚的自然资源，生产的黑木耳、银耳、草菇、平菇、茯苓、猴头菇、香菇在国外有广阔的市场。例如，湖北省的黑木耳、福建漳州银耳、湖北罗田茯苓、浙江常山猴头菇在国际上深受欢迎，为国家换取了大量外汇，有力地支援了经济建设。

食用菌不与人类争粮食，不与粮食争土地，不与土地争肥料，不与工业争劳力，不与其他作物争农时，真正成为“点草成金”的物种。食用菌产业是符合科学发展观的、真正意义上的循环经济、再生经济、环保经济的产业。

第二节　食用菌的种类及分布

我国疆域辽阔，气候类型多样，适于各种菌类的生长繁殖，是世界上食用菌资源最丰富、利用最早和栽培历史最悠久的国家之一。在我国已被记载的食用菌有 567 种，已描述的食用菌中，属于子囊菌亚门的有 2 目 5 科，属于担子菌亚门的有 7 目 21 科，共 77 个属。

一、我国的野生食用菌资源

野生食用菌不仅种类多，而且产量大，广泛分布于自然界的山林、草原、旷野以及朽木、腐殖质、枯草堆中。野生食用菌一年四季均有生长，以单生、散生或群生方式在原野或森林中出现，有时形成蘑菇圈，直径可达百米。

在我国，横跨东经 73° 40′（新疆维吾尔自治区的帕米尔高原）至东经 135° 2′（黑龙江和乌苏里江交汇处的黑瞎子岛），纵向从北纬 3°52′（南沙群岛中的曾母暗沙）至 53° 33′（漠河以北的黑龙江主航道的中心线），生态环境复杂，食用菌的种类很多，野生种和栽培种资源都极为丰富。

1. 东北地区的主要食用菌

大小兴安岭及长白山的森林面积占全国森林面积的 1/3，林居食用菌是该区域的主要产出种类，主要有松蕈、榛蘑、元蘑、金顶蘑、猴头菇、黑木耳、香菇、黏盖牛肝菌、铆钉菇等。

2. 蒙新地区的主要食用菌

内蒙古自治区到新疆维吾尔自治区气候干旱，降水量自东向西逐步减少，属于典型的大陆性气候。食用菌种类较少，主要有蒙古口蘑、雷蘑、大马勃、獐子菌、阿魏菇等。

3. 华北地区的主要食用菌

华北地区是我国食用菌的交汇和过渡区，主要种类有香菇、黑木耳、银耳、口蘑、雷蘑、平菇、丛枝菌、猴头菇等。

4. 华中、华南地区的主要食用菌

该地区属于亚热带地区，降水量充沛，林木常绿，是血红铆钉菇、松乳菇、鸡油菌、牛肝菌、鸡枞菌、蘑菇、香菇、草菇、银耳、黑木耳、毛木耳等的主要产区。

5. 青藏高原的主要食用菌

青藏高原海拔高，气候寒冷，食用菌的分布较受局限。喜马拉雅山以北真菌贫乏；喜马拉雅山南坡，沿雅鲁藏布江的森林带，食用菌资源丰富：针叶林下光亮丝膜菌，混交林下美味牛肝菌、变青褶孔菌，又有金耳、猴头菇、青冈菌等珍品；海拔 4000 米以上的高山带是冬虫夏草、阔孢虫草的自然分布区；黄绿蜜环菌重点分布区海拔高达 4300 米；藏南林区及柴达木盆地是野生食用菌资源较丰富的地区。

二、我国人工栽培食用菌的分布

1. 我国人工栽培食用菌的种类

在庞大的食用菌家族中，现在能大面积人工栽培的种类却很少。据统计，我国已经驯化、引种栽培的食用菌只有 20 科 81 种，现在有 90~100 种，大规模人工栽培的有 50 种。许多种类的食用菌还处于野生状态，有待去认识、研究、开发，进行人工驯化和栽培。

2. 我国人工栽培食用菌的分布

野生食用菌中绝大多数种类是生长在林木上的，传统的人工栽培方法也离不开林木，早期人工栽培食用菌主要在林区。由于食用菌产业的规模越来越大，发展食用菌生产和保护森林资源成为一对不可调和的矛盾。而代用料的使用脱离了林木，并且可以充分利用工农林业的下脚料和废弃料，变废为宝，经济效益非常显著。特别是 20 世纪 80 年代开始棉籽壳的成功应用，突破了食用菌生产受林业生产的限制，食用菌人工栽培在全国各地迅速扩展开来。

食用菌栽培发展初期以南方为主，随着各地对食用菌产业的重视，由浙江、福建、广州、广西壮族自治区等南方产区逐渐向北扩展，现在已经遍及大江南北，成为我国重要的经济作物。

我国主要栽培种类分布大致如下。

①平菇：栽培比较分散，多以农户分散栽培或小片连片生产，主要产区在河北、河南、山东、湖北、四川、江苏。

②香菇：浙江丽水和金华，湖北随州和远安，河南西峡和泌阳，河北遵化和平泉，辽宁清原和新宾，陕西汉中。

③双孢蘑菇：福建漳州，河南夏邑，四川大邑，山东莘县和邹城，湖北新洲，甘肃金昌。

④黑木耳：黑龙江牡丹江和伊春，吉林延吉，湖北随州和房县，河南驻马店和三门峡，陕西汉中，四川广元，浙江丽水。

⑤毛木耳：四川什邡，河南鲁山，福建漳州。

⑥金针菇：农业栽培产量在逐年减少，工厂化产量逐年增加。农业栽培主要在河北灵寿，工厂化栽培较多在上海、北京、沈阳、长春、深圳等大城市周边。另外，江苏、浙江、甘肃等省也有较多的中小型栽培场。

⑦滑菇：辽宁岫岩和庄河，黑龙江海林，河北平泉。

随着食用菌产业优势被各地政府高度重视，不同地区不断有专业化、规模化、区域化食用菌产区出现，食用菌主要产地也随之而变。

第三节　食用菌的营养价值

食用菌的基本生活条件包括营养条件和环境条件两个方面。不同种类的食用菌，对营养条件和环境条件的要求不同；同一种菌类，菌丝体生长阶段和子实体发育阶段所需要的营养条件与环境条件也有区别。探讨各种食用菌不同生长阶段对营养条件和环境条件的不同要求，是进行高产栽培的需要。

一、食用菌的营养类型

真菌是自然界分布最广的一种真核生物。由于不能进行光合作用，所有的真菌都属于异养生物，自身不能合成养料，只能通过菌丝细胞从环境中摄取营养物质。但它们的营养类型多、适应力强，能够利用各种不同的有机物质，在特定的环境中生长、繁衍。根据自然状态下食用菌营养物质的来源，可将食用菌分为 3 种不同的营养类型。

（一）腐生性食用菌

腐生性食用菌是指能够分泌各种胞外酶和胞内酶，分解已经死亡的有机体，从中吸收养料的食用菌，也叫腐生菌。根据腐生性食用菌所适宜分解的植物残体不同和生活环境的差异，可分为木腐型（木生菌）、土生型和粪草生型 3 个生态类群。

（1）木腐型食用菌

木腐型食用菌也叫木生菌，是指生活在枯木或活树木的死亡部分，分解吸收其养分，破坏其结构，导致木材腐朽的食用菌。由于木腐型食用菌是从死亡的树木中获取养料，所以较易培养，当前人工栽培食用菌中绝大多数是这种类型。例如香菇、杏鲍菇、白灵菇、黑木耳、金耳、银耳、榆耳、槐耳、平菇、金针菇等都是木腐型食用菌。

（2）土生型食用菌

土生型食用菌是以土壤中的腐烂树叶、杂草、朽根为营养源，分布在林地、草原、牧场、肥沃的田野中，不同的食用菌有自己特定的生活场所。

（3）粪草生型食用菌

粪草生型食用菌也称为草腐菌，多生活在腐熟堆肥、厩肥、腐烂草堆及有机废料上。如草菇、双孢蘑菇、巴西蘑菇、鸡腿菇等多生于烂草堆上，粪鬼伞则多生于粪堆上。

（二）寄生性食用菌

寄生性食用菌是生活于寄主体内或体表，从活的寄主细胞中吸收养分或进行生长繁殖的食用菌。食用菌中，整个生活史都是营寄生生活的情况十分罕见，多是在生活史的某一阶段营寄生生活，而其他时期则营腐生生活，为兼性寄生，如蜜环菌，开始生活在树木的死亡部分，一旦有菌丝进入木质部的活细胞后，便开始寄生生活。金针菇、猴头菇、糙皮侧耳都能在一定条件下侵染活树木。又如冬虫夏草，秋季寄生于蝙蝠蛾科的幼虫体上，致使虫体死亡，然后营腐生生活，靠虫体营养完成生活史。

（三）共生性食用菌

共生性食用菌能与高等植物、昆虫、原生动物或其他菌类相互依存、互利共生的食用菌。最典型的共生性食用菌是菌根菌。一些菌类的菌丝包围在高等植物根系根毛的外围，形成菌套，并形成共生关系，这些菌类就叫菌根菌。如松口蘑、美味牛肝菌等菌根菌与高等植物共生，菇类菌丝包围在树根的根毛外围，一部分菌丝延伸到森林落叶层中，取代根毛，从土壤中吸收水分和养料供给菌丝体和植物，并分泌吲哚乙酸，刺激植物根系生长，而植物则把光合作用合成的碳水化合物提供给真菌。又如银耳与香灰菌是真菌之间的共生现象，两者之间是偏利关系，因此称香灰菌丝为伴生菌。森林中大多数野生蘑菇都属于菌根菌。

可以食用的野生共生菌种类远远多于现在栽培的食用菌种类，但共生菌人工栽培的难题仍然未能真正突破。随着科学技术的发展和栽培人员的不懈努力，如今已能够通过某些种类的食用菌菌种在共生植物根系感染，从而引起共生，但这是一种林地仿生栽培技术，还不能真正做到人工栽培。如果在共生菌人工栽培方面能完全突破，食用菌产业将发生一场深刻的变革。

二、食用菌对营养物质的需求

尽管食用菌摄取营养的方式不同（腐生、共生和寄生），所摄取营养物质的来源也不同，但为了维持正常的生命活动，食用菌对营养物质的需求却基本相同，包括碳源、氮源、矿质元素及生长因子四大类营养物质。

（一）碳　源

凡用于构成细胞物质或代谢产物中碳素来源的营养物质，统称为碳源物质或碳源。碳源的主要作用是构成细胞物质和提供生长发育所需要的能量。食用菌吸收的碳素仅有 20% 用于合成细胞物质，80% 用于维持生命活动所需的能量而被氧化分解。碳源是食用菌最重要的，也是需求量最大的营养源。

食用菌在营养类型上属于异养型生物，所以不能利用二氧化碳、碳酸盐等无机碳源，只能从现成的有机碳化物中吸收碳素营养。食用菌的碳源物质有纤维素、半纤维素、木质素、淀粉、果胶、戊聚糖类、有机酸、有机醇类、单糖、双糖及多糖类的物质。常见的碳源中，单糖、低分子有机酸、醇类可以被直接吸收，纤维素、半纤维素、淀粉等大分子化合物需要经过菌丝细胞产生的相应的胞外酶将其分解成葡萄糖、阿拉伯糖、木糖、果糖等简单糖类，才能被吸收利用。

在母种培养基中，主要提供葡萄糖、蔗糖等简单糖类，便于菌丝细胞直接吸收利用，还能诱导菌丝细胞产生胞外酶，加快对纤维材料的分解，提高菌丝细胞的生长速度。在原种、栽培种的培养基中，主要提供各种富含纤维素、半纤维素、淀粉、木质素的植物原料，如木材、木屑、稻草、棉籽壳、麦秸、玉米芯、豆秸等，以逐渐提高菌种分解大分子化合物、适应栽培料的能力。以纤维素为主要碳源的食用菌主要有草菇和蘑菇，以木质化材料为主要碳源的食用菌主要有银耳、黑木耳、香菇和猴头菇。平菇既可以在多纤维素的原料上生长，也可在多木质素的原料上生长。

在常见栽培食用菌的原料中，木材以木质素为主，禾本科作物秸秆以纤维素为主，棉籽壳既含木质素又含纤维素，因此棉籽壳适于栽培各种食用菌。

（二）氮　源

氮源是指能被食用菌吸收利用的含氮化合物，是合成食用菌细胞蛋白质和核酸的主要原料，对生长发育有重要作用，一般不提供能量。食用菌主要利用各种有机氮，也可以利用包括铵态氮、硝态氮在内的无机氮，但在无机氮作为唯一氮源时，菌丝生长较慢，并且有不出菇现象，这是因为食用菌没有利用无机氮合成细胞所必需的全部氨基酸的能力。生产上常用蛋白胨、氨基酸、酵母膏、尿素等作为母种培养基的氮源，而在原种和栽培种培养基中，多由豆饼、黄豆汁、麦麸、米糠、薯类、禽畜粪等含氮高的物质提供氮，用小分子无机氮或者有机氮作为补充氮源。氨基酸、尿素等小分子有机氮可被菌丝直接吸收，而大分子有机氮则必须通过菌丝分泌的胞外酶，将其降解成小分子有机氮才能被吸收利用。

在食用菌的生长发育过程中，培养基中氮的浓度对食用菌的生长发育影响较大。氮源的多少对食用菌菌丝的生长、子实体的形成和发育都有很大的关系。一般来说，菌丝生长阶段要求含氮量较高，以碳氮比（15~20）：1为宜，含氮量过低，菌丝生长缓慢。子实体发育阶段要求培养基含氮量较低，以碳氮比（30~40）：1为宜，含氮量过高，则抑制子实体的发生和生长（碳氮比为培养料中碳总量与氮总量的比值，它表示培养料中碳氮浓度的相对量）。不同的食用菌、不同的生长发育阶段对碳氮比的要求有一定的差异。

不同培养原料的碳氮比不同，木屑、作物秸秆等含碳较高，而常用辅料麸皮、米糠的含氮量较高。因此，要将不同的培养料合理地配合起来，才能使培养料的碳氮比达到要求。设计新的培养料配方，必须测算培养料的碳氮比，通常所用培养原料的碳氮含量均已测算出来，配制时通过计算即可得到该培养料配方的碳氮比，即用配方中各种物质的碳总量除以其氮总量。

（三）矿质元素

矿质元素是食用菌生命活动不可缺少的营养物质，其主要功能是构成菌体的成分、作为酶或辅酶的组成部分或维持酶的活性及调节渗透压、氢离子浓度、氧化还原电位等。根据食用菌对矿质元素需求量的大小，可分为大量元素和微量元素。大量元素有磷、钾、硫、钙、镁等，其主要功能是参与细胞物质的组成及酶的组成，维持酶的作用，控制原生质胶态和调节细胞渗透压等。在食用菌生产中，可向培养料中施加适量的磷酸二氢钾、磷酸氢二钾、石膏、硫酸镁来满足食用菌的需求。微量元素包括铁、钴、锰、钼、硼等。它们是酶活性基团的组成成分或酶的激活剂，但因需求量极微，一般天然培养基和天然水中的微量元素含量就足以满足食用菌的需求，不需要另行添加。如果是用蒸馏水配制的合成培养基，可酌情加硫酸亚铁、氯化铁、硫酸锰、硫酸锌、硫酸钴、钼酸铵、硼酸等。

木屑、作物秸秆及畜粪等生产用料中的矿质元素含量一般是可以满足食用菌生长发育要求的，但在生产中常添加石膏 1%~3%，过磷酸钙 1%~5%，碳酸钙 1%~2%，硫酸镁 0.5%~1%，草木灰等给予补充。石膏、碳酸钙等还有调节培养料 pH 值的作用。

（四）生长因子

生长因子又称生长因素，是指菌体本身不能利用简单物质合成而必须靠外源提供才能维持正常生理功能的物质。这是一类微量有机物，包括维生素、碱基、氨基酸、植物激素等生长因子。这类物质用量甚微作用却很大，按照化学成分和生理功能可分为 3 类：一是氨基酸，是蛋白质的组成成分；二是嘌呤和嘧啶，是核酸的组成成分；三是维生素，是某些酶的辅基或活性中心。马铃薯、麦麸、米糠、麦芽和酵母中都含有丰富的维生素，用这类原料配制培养基时就不必另外添加维生素。维生素不耐高温，在 120℃以上时易被破坏，因此在培养基灭菌时需防止温度过高。

综上所述，掌握好食用菌营养源的基础知识，是科学地进行食用菌培养基或培养料配制的根本前提，也是研究开发多种食用菌增长剂的理论基础，对搞好食用菌栽培有着重要的指导意义。

三、食用菌的选购

（一）食用菌菌种的选购

购买食用菌菌种时，除了选择信誉好的大专院校、科研单位或正规食用菌菌种生产厂家作为选购对象外，对现场购买或成批发送的菌种要进行仔细挑选，并要考虑以下几个方面。

1. 详细了解品种生物学特性和生产性状

一个食用菌种类有很多品种，不同品种生物学特性和生产性状不同，适宜栽培环境条件不同，对极限条件耐受性不同，适宜栽培季节也不同。引种时应了解：一是子实体品质，如菌盖色泽、薄厚、大小，菌柄长短、粗细、色泽，菇体组织紧密度和质地等；二是培养料配方，选用任何品种都应有最适培养料配方；三是适宜发菌和出菇温度，包括可忍耐最低温度、最高温度、适宜温度范围和最适温度；四是抗逆性强和抗杂性，抗逆性强的品种管理粗放，易于栽培成功和获得产量；五是对环境条件特殊要求，如基质含水率和pH值、通气和光线等条件；六是耐储运特性，多种食用菌产品以鲜销为主，而且需要运输；七是其他生产特性，如发菌期和整个生产周期的长短，菇潮集中还是分散等。

2. 先试种后推广

不论选择哪一品种，在没有栽培经验的情况下，要先试种后扩大，尤其是从外地引入的新品种，必须在当地做10 000袋以上的出菇试种，才可将该品种用于大面积生产，避免造成不应有的损失。在试种阶段，最好引进2~4个品种，通过试种选出适合当地栽培环境设施特点和管理水平及市场要求的品种。

3. 2个以上品种搭配使用

同一种食用菌有不同出菇温度的品种类型，它们适合不同气候条件的地区和不同季节栽培。在我国多数地区，平菇周年播种、周年栽培。而我国多数地区四季分明，栽培户应根据不同栽培季节选用不同温型的品种，如春季出菇应选择中高温品种，秋季出菇应选择中低温品种，夏季应选择耐高温品种，冬季应选择低温、耐二氧化碳品种。

4. 菌种的种性与栽培方式相吻合

目前，香菇、黑木耳和银耳等木腐型食用菌大多采用代料栽培，同时还保留着一定规模段木栽培。由于两种栽培方式在培养基和环境条件上差别大，因此，在购买以上食用菌菌种时，应选购与栽培方式相应的品种。

5. 菌种相关特性与期望性状相吻合

金针菇白色菌柄受市场欢迎，选用白色金针菇品种效果好；香菇菌盖上产生白色花纹称“花菇”，“花菇”市场价格高于普通香菇，白色花纹产生虽然受环境因素影响大，但选用低温或中温且菌盖厚的菌种有利于提高花菇形成率。

（二）选择栽培食用菌种类的依据

目前可人工栽培的食用菌种类有100多种，大规模商业化生产的有十几种，较少量生产的珍稀食用菌种类也有十几种。要根据市场需求和生产条件来选择适宜栽培的食用菌种类。

1. 进行市场调查

生产出的食用菌产品只有符合市场需要，才能获得更大的经济效益。不同栽培规模、不同生产模式、不同市场定位的市场调查主要围绕当地及国内外的市场开展。如当地市场销售食用菌种类、数量、产品形式（干品、鲜品、盐渍品、罐藏品等）、市场价格（出厂价、批发价、零售价）、现有市售食用菌资源等，通过调查分析，对市场容量作出判断。如果栽培地距人口密集的大中城市较远，运输不便，产品需要完全就地鲜销或干制销售。

2. 进行生产条件调查

生产任何一种食用菌都需要一定生产条件，不同种类之间有一定的差异。除了固定房屋场地和设施外，生产条件有3个方面，即原材料、气象条件、区位优势和交通状况。栽培用的培养料要尽量就地取材，既可保证质量又降低生产成本。如双孢菇使用的培养料是麦秸、稻草和牛粪等，如果在没有这些原料的林区栽培，从远方运输材料会提高生产成本。当地气象条件是否适宜种植该种食用菌是选择栽培种类的关键，因为气象条件不具备，会造成不出菇、出菇产量低、质量差、病害发生严重等现象。在距大中城市较近的地区栽培食用菌，可以选择鲜销的食用菌种类，如香菇、平菇、金针菇、草菇等。而距大中城市较远的偏僻乡村或山区，应选择干制食用菌种类，如香菇和黑木耳；在签订收购合同前提下，适于制罐或其他简单加工的食用菌也可栽培，如双孢菇、平菇、金针菇和滑菇等。

（三）造成食用菌品种和菌种退化的原因

品种退化有两个方面因素：一方面是品种本身自然变异；另一方面是人为因素造成的。我国品种退化问题比发达国家严重得多，主要因为我国品种审查登记制度尚未完全建立，相应法律法规不健全，菌种生产分散，从业人员素质差别大。具体表现如下。

1. 菌种的不合适使用

非品种化菌种的使用和无根据的“新品种”使用，造成品种不均，品种混乱。到目前为止，我国尚未完全建立食用菌品种审定、认定和登记制度，种质资源管理也不规范，法律法规和管理制度不健全。由此出现了非品种化菌种的大量使用，加剧了菌种的不均一性和异质性。在生产中，一些供种单位从其他单位引进一支试管母种，并冠以新名作为“新品种”出售；更有甚者，为了追求经济利益，个别人把一个品种当作任何品种出售，购买者要购买什么品种，这个品种就是什么品种；还有的个体食用菌研究所对食用菌子实体进行组织分离后，未经出菇试验及鉴定就将其培养物冠以“新品种”之名。

2. 品种选育缺乏科学方法

表现为品种性状描述量化不够，缺乏标准条件的限定，使达不到品种质量标准的菌种得以流传和扩大。这类菌种通常使用时间不长，其遗传学异质性和不稳定性就表现出来，即出现“退化”。实质上这并不是品种本身的退化，而是未使用合格的品种，这是菌种不均一和不稳定性造成的。

3. 人为因素

某些人为因素导致不良环境条件，如高温高湿、通气不良、不适宜氮源、不适宜碳氮比、不适宜 pH 值等，都可以造成菌种退化。

4. 人为选择错误在菌种生产中时有发生

菌种在生长过程中，由于遗传突变、细胞退化、生理代谢改变及其积累而出现不良的细胞群体。特别是小型菌种厂和栽培户专业知识和经验不足，又缺少先进的生产设备和检测条件，难以鉴别正常与不正常的菌种，使不正常菌种得以使用和繁殖，甚至不正常母种继续繁殖扩大和生产。因此，菌种生产单位和栽培户要从有信誉的科研单位、大专院校或菌种保藏机构引种。

第四节　食用菌生产的综合利用

长期以来栽培食用菌的目标都在“菇”产品上，追求优质高产，而忽视了栽培废料的利用。现在，越来越多的食用菌生产企业开始重视栽培废料的利用，继续“变废为宝”，实现生态效益的最大化。

一、做畜牧业生产饲料

秸秆类培养料经过食用菌生长过程的分解，纤维素、木质素含量明显下降，虽然氮浸出物含量降低，但菌丝中还存在多种蛋白质、氨基酸，有较高的营养价值，是一种很好的饲料或添加剂。研究表明，以 45% 的平菇菌糠代替等量麸皮配制的肉猪饲料，比用麸皮增重提高 14%，养猪成本下降 35%。

二、提取激素

食用菌菌丝生长过程中，会分泌出一些激素，如能设法提取，将是一种新型的生物激素来源。

三、作为优质有机肥

将栽培废料作为肥料，可以增加土壤中的腐殖质，改变土壤结构，还可为作物提供可利用的氮、磷、钾等元素以及各种微量元素。菌糠可以作为微生物的吸附材料生产微生物菌肥，也可以与厩肥混合发酵生产有机肥，还可以添加化肥生产复合肥。山东省烟台市牟平区已利用栽培废料试制成功三维复合肥。

食用菌产业是朝阳产业，随着现代科学技术对食用菌研究的深入，食用菌对人的健康作用越来越多地被揭示出来。除了作为美味食品、优质蛋白质来源之外，食用菌保健作用的有效物质被分类收集纯化，应用效率不断提高，食用菌的经济效益和社会效益将更加显著。随之而来的是食用菌生产的不断发展，食用菌在国民经济中的作用将越来越显著。

第二章　食用菌菌种生产技术

第一节　食用菌一级菌种制作技术

一级菌种是第一次用孢子分离法、组织分离法或基内菌丝分离法获得的纯菌丝体及其经过转管扩大后的菌丝体。在食用菌生产中，一级菌种主要用于扩大繁殖成二级菌种，再由此扩大繁殖成三级菌种，供栽培用。因此，一级菌种是菌种生产的基础，一级菌种质量的优劣，直接关系到二级菌种和三级菌种的质量，对食用菌生产产生根本的影响。因此，要求一级菌种必须纯度高、质量好。这就要求我们在菌种生产的最初就要严格按照无菌操作规程进行，从菌种分离、转管、接种、培养等步骤都要严格把关，才能保证菌种的纯正，保障食用菌生产的安全顺利进行。

一级菌种的制作过程主要流程为：培养基的配制→分装→培养基灭菌→冷却→菌种分离→接菌→培养→纯化（提纯）→转管扩大培养→一级菌种。

一、食用菌一级菌种培养基制作

（一）培养基制作原理

培养基是人工配制的适合食用菌菌种生长的营养基质。为了获得优良和生长旺盛的母种，母种培养基的成分应选用营养丰富、容易被菌丝吸收利用的原料来进行配制。配制母种培养基时，一般应具备以下 4 个原则：第一，母种的菌丝比较嫩弱，分解养分能力差，因此要求营养丰富、完全，氮源和维生素的比例要高，需选用容易被菌丝吸收利用的物质，如葡萄糖、蔗糖、马铃薯、玉米粉、麦芽汁、酵母膏、蛋白胨、无机盐类和生长素等为原料；第二，注意各种成分的浓度配比要合适；第三，具有一定的生长环境，包括适宜的 pH 值，多数食用菌喜偏酸性环境（pH 值 5.0~6.5）和渗透压等；第四，必须经过严格的灭菌，使之保持无菌状态。

（二）材料与仪器

手提式高压灭菌锅、玻璃漏斗、漏斗架、弹簧夹、铝锅、电炉、1 000毫升量杯、纱布、棉花、18 毫米 ×180 毫米试管、细线绳、防潮纸或牛皮纸、刀、马铃薯、葡萄糖或蔗糖、琼脂、pH 值试纸、1 摩尔 / 升 NaOH 溶液、1 摩尔 / 升 HCI 溶液。

（三）实施步骤

1. 母种试管斜面培养基的制作

（1）常用配方

①马铃薯葡萄糖琼脂培养基（PDA 培养基）：马铃薯（去皮）200 克，葡萄糖 20 克，琼脂 18~20 克，水 1 000 毫升，pH 值自然。

②马铃薯综合培养基：马铃薯（去皮）200 克，葡萄糖 20 克，磷酸二氢钾 3 克，硫酸镁 1.5 克，维生素 $B_1$10 毫克，琼脂 18~20 克，水 1 000 毫升，pH 值自然。

上述两种培养基适用于培养绝大多数食用菌母种。

（2）工艺流程

材料选择→准确称量→萃取→配制定量→分装→灭菌→斜面摆放→无菌检查。

材料选择：组成食用菌母种培养基的材料中，有些材料浓度、成分都相对稳定，如葡萄糖、磷酸二氢钾等，有些天然营养材料就没有那么稳定了，往往由于对这些材料的选择直接影响培养基使用效果，影响食用菌菌丝的生长。如马铃薯、麦麸选择不好时，制成培养基后，食用菌菌丝就不能很好地生长。因此，要认真选择，选材时要注意：一是发芽的马铃薯不能用，因为芽眼处有大量的龙葵碱，对菌丝生长有毒害作用；二是表皮颜色变绿的马铃薯不能用；三是麦麸、米糠、豆粉、玉米粉等农产品发霉或发过霉，生虫或生过虫的不能使用。总之，要使用新鲜洁净的材料。

准确称量：各种食用菌菌丝的生长都要求具有一定的养分浓度，因此，使用配方的各种养分配比不可随意更改，称取时要准确。

（3）制备原则

①凡植物性材料均先单独煮沸萃取（两种或两种以上时可混合煮沸萃取），煮沸萃取时间为 30 分钟，煮沸 30 分钟后，取其上清液或滤液。如

麦麸、米、糠、木屑、棉籽壳、稻草、堆肥、马铃薯等。

②生物制剂如酵母粉、蛋白胨，需事先用冷水融化，然后加入。

③化学试剂最后加入，凡属化学试剂类营养物质，如葡萄糖、麦芽糖、硫酸铵、磷酸二氢钾、硫酸镁等，均在配制的最后一步加入，并不断搅拌以使其快速溶解，不可与植物性材料一起煮沸。

④以 1 000 毫升为配制单位的各培养基配方所列材料的用量均以最终配制成 1 000 毫升为单位，即 1 000 毫升培养基中的含量。因此，当某种培养基中加入较大量的某种汁液或某种浸提液时，要注意计算培养基的最终容量。当水煮萃取过程使培养基水量不足时，可中途加水或最后补足水至 1 000 毫升。

（4）制作方法

①先将马铃薯洗净，去皮，挖掉芽眼，称取 200 克，切成 1 立方厘米的小块或薄片。

②将切好的马铃薯块放入铝锅内或大烧杯中，加水 1 000 毫升，放在电炉上煮沸后维持 30 分钟，至马铃薯熟而不烂。

③用 4 层湿纱布（纱布需浸水后拧干）过滤，去掉滤渣，由于马铃薯在煮沸过程中，有部分水被蒸发掉，所以过滤后的马铃薯汁，应加水补足水分至 1 000 毫升。

④将称好的琼脂加入马铃薯汁中，在电炉上用文火煮，直至琼脂完全融化为止（边煮边搅拌），最后加入葡萄糖等可溶性物质搅匀。

⑤调节 pH 值。培养基中的酸碱度（即 pH 值）是影响菌丝生长的重要因素，因此培养基配好后应根据菌种对 pH 值的要求进行调节。

马铃薯葡萄糖琼脂培养基配好后，pH 值一般为中性，所以不必调节。如培养基低于所要求的 pH 值时，应向培养基中滴加 1 摩尔 / 升的 NaOH 溶液；若培养基高于所要求的 pH 值，应滴加 1 摩尔 / 升的 HCl 溶液进行调节。边滴入，边搅拌，边用精密 pH 试纸或 pH 计测定，直至合适为止。应该注意的是培养基的酸碱度在灭菌前不宜调至 pH 值 6.0 以下，否则灭菌后培养基不凝固。有些菇类的培养基要求在 pH 值 6.0 以下的，要待灭菌后，在无菌条件下滴加盐酸或乳酸等进行调节。

⑥补水至 1 000 毫升。

⑦分装试管。培养基配好后应趁热用分装漏斗进行分装试管，装入试

管高度的1/5，分装时应注意不得使培养基沾到试管口上，以防污染杂菌。母种培养基实验室一般采用18毫米 ×180毫米规格，而生产上采用20毫米 ×200毫米规格或20毫米 ×250毫米规格的试管。试管直径越大、试管越长，装入的培养基就越多，斜面长，菌种生长时间长，生产周期长，菌种越容易老化，但是成本低；而试管直径越小、试管越短，装入的培养基就越少，斜面短，菌种生长时间短，生产周期短，菌种不易老化，但是成本高，所以实验室采用小试管，而生产上采用大试管。

⑧塞棉塞。培养基分装完以后应立即塞上大小合适的棉塞或透气的胶塞。棉塞或胶塞应塞入试管内2/3，外留1/3。塞试管的棉塞不能塞得过紧或过松，过紧不透气，菌种长不好，过松易脱落，也易污染杂菌。因此棉塞的作用有二：一方面阻止外界微生物进入培养基，防止由此而引起的污染；另一方面保证有良好的通气性能，使培养在里面的微生物能够从外界源源不断地获得新鲜无菌空气。因此棉塞质量的好坏对实验的结果有着很大的影响。一只好的棉塞外形应像一只蘑菇，大小、松紧都应适当。

⑨捆扎试管。将塞好棉塞的试管7支或9支扎成一把，在棉塞外面包一层防潮纸或牛皮纸，再用线绳扎紧，防止灭菌时棉塞被冷凝水浸湿。用记号笔注明培养基名称、组别、配制日期。三角烧瓶加塞后，外包牛皮纸，用麻绳以活结形式扎好，使用时容易解开，同样用记号笔注明培养基名称、组别、配制日期。

⑩灭菌。培养基分装完后应立即灭菌。根据培养基的成分选择灭菌的压强和时间，如培养基成分中有高温下容易破坏的物质时，可采用0.5千克/平方厘米或0.8千克/平方厘米的压强，一般马铃薯葡萄糖琼脂培养基具体灭菌要求，采用1.05~1.1千克/平方厘米的压强，灭菌20~30分钟。母种培养基分装后必须马上进行高压灭菌，不可以过夜。因为母种培养基营养成分全面，其中速效性养分如葡萄糖和蛋白胨等，在制作过程中由于暴露在空气中，空气中的杂菌，尤其是细菌，落到培养基上会利用培养基的营养成分，在自然温度（20℃以上）下，12小时以上就会萌发、生长，造成母种培养基污染杂菌，所以母种培养基分装后必须马上进行高压灭菌，不可过夜。

将待灭菌的物品放在一个密闭的加压灭菌锅内，通过加热，使灭菌锅夹套间的水沸腾而产生蒸汽。待水蒸气急剧地将锅内的冷空气从排气阀中排尽，然后关闭排气阀，继续加热，此时由于蒸汽不能溢出，从而增加了灭菌锅内的压力，使沸点增高，获得高于100℃的温度，导致菌体蛋白质凝固变性达到灭菌的目的。摆斜面：试管取出后一定要趁热摆斜面，将试管斜放在一根2厘米左右厚的木条上，使试管内的培养基成一斜面，斜面的长度一般为试管长度的1/2。用于保藏菌种的试管斜面应适当短些，以减少蒸发面积。气温较低时，在摆好的斜面上覆盖一条厚毛巾，以免在试管壁上产生大量水珠，影响接种和培养。当培养基冷凝后，即可收起备用。灭菌效果的检查：将灭菌的母种培养基放入37℃的温室中培养24~48小时，检查灭菌是否彻底，无微生物长出的为灭菌合格，即可使用。

2. 制备母种培养基过程中的注意事项

①在加热溶解以及煮沸过程中，要边煮边搅拌，防止马铃薯等物质糊在容器底部。

②分装时，要注意流出的培养基不可粘在近试管口的内壁上，以防日后生霉，一旦管口内粘有培养基，待凝固后用接种钩取出，并用潮湿洁净的纱布擦拭干净再灭菌。

③各环节紧密衔接，特别是分装后要立即灭菌，不可隔夜。

④灭菌时放汽要充分，否则影响灭菌效果。

3. 平板培养基的制作

平板培养基常用于单孢子分离，测定菌丝生长速度，观察菌落的形态，测定接种空间杂菌数。其制作方法如下。

①将培养皿洗净、干燥，使各培养皿盖方向一致，用牛皮纸包好，或放入特制铁罐内，注明皿盖的方向。高压灭菌或干燥灭菌后备用。

②取刚灭菌后尚未凝固的培养基置于无菌箱或超净工作台内，略打开灭菌过的培养皿盖（露一小缝），倒入培养基（厚度为0.5厘米），封盖、冷凝，倒置备用。

二、食用菌的组织分离

（一）食用菌组织分离的原理

所谓组织分离，是指取菇体或耳片一小部分组织进行分离培养菌种的方法。菇体组织是菌丝的扭结物，具有很强的再生能力，将它移接在母种培养基上。经过适温培养，即可得到能保持原来菌株性状的母种。因此，用组织分离方法得到的菌丝体，如经过生产实践证明性状优良，即可作为母种使用。

菌种分离是一项技术性很强的工作，需要在无菌的环境中以无菌操作方法进行分离才能减少污染。无菌操作是制种过程中最基本的操作方法，要求操作熟练，动作迅速。

（二）材料与仪器

待分离的种菇、试管斜面培养基、75% 酒精消毒瓶、75% 酒精消毒棉球、火柴、记号笔等。接种箱或超净工作台、电热恒温培养箱、酒精灯、镊子、解剖刀、接种针、接种铲等。

（三）任务实施

1. 大型伞菌的组织分离方法及操作步骤

①选择种菇：在菇床、菌墙中选择出菇早、无杂菌浸染、株型紧凑、圆整肉厚、色泽美观、七八分成熟的第一潮菇的肥壮菇体作种菇。

②分离时应在接种室或超净工作台的无菌区，按照无菌操作规程，先用酒精棉球将手擦拭消毒，在种菇中部取最大的 3~4 张菇片，再用镊子夹取酒精棉球将正、反面消毒。

③用手将菌柄撕开，但手千万不得碰撕裂面，避免杂菌污染。

④将解剖刀经酒精灯火焰灭菌后，从菌柄和菌盖交界部位切取大豆或绿豆粒大小的组织块。以无菌操作方法，将切取的组织块用灼烧灭菌后的接种针移至母种试管斜面培养基。此外，用灼烧灭菌后的接种钩直接勾取一小块组织移至母种试管斜面培养基，分离效果也很好。

⑤塞好棉塞，注明菇种、分离日期及地点。

⑥将试管置于 15~25℃下培养；恒温箱中培养 1~2 天后，检查有无污染，发现污染及时挑出。

⑦培养期间每天都要检查发菌情况，从中选择菌丝浓白粗壮，边缘整齐，长速正常，无绿、黄及糨糊状等杂菌斑点的，表现最好的分离种转接于 PDA 培养基上，于 15~25℃下培养。

⑧菌丝发满后，在接种箱内去掉棉塞，用蜡封口，用黑膜包裹后于4~6℃的冰箱内保藏。

⑨在下一个生产季节与原始保藏种作对比试验，择优作为生产用种。每季都如此筛选，能逐步提高菌种各方面的性状，使发菌加快，抗逆抗杂性增强，质量明显提高。

2. 组织分离的质量检查

组织分离后的试管斜面，经过7~10天培养后，若在斜面上或组织块周围，没有任何杂菌生长，只有从组织块上长出的洁白、粗壮、纯净的菌丝体，说明组织分离成功。经过再次移接，生产试验，性状表现优良，即可作为母种使用；相反，若有其他杂菌生长，说明组织分离时消毒不彻底或无菌操作不严格，组织分离失败。

三、食用菌一级菌种的扩大培养

（一）扩大培养原理

一级菌种的扩大培养是在试管间进行的，因此又叫转管。转管原因：从外地购进或分离获得的母种数量有限，不能满足生产需要时，要对初次获得的母种进行扩大繁殖，以增加母种数量。转管数量：一支母种可接15~20支试管斜面，扩大的数量根据实际情况而定。母种的扩大繁殖不可无限制地移代，移代过多菌种生活力减弱，从而影响大面积栽培的生产效益。

（二）材料与仪器

母种斜面试管、试管斜面培养基、75%酒精消毒瓶、75%酒精消毒棉球、酒精灯、火柴、记号笔等。接种箱或超净工作台、电热恒温培养箱、镊子、解剖刀、接种针、接种铲等。

（三）任务实施

母种转管要在无菌的环境中以无菌操作方法进行，转管前先用3%~5%的来苏尔喷雾消毒接种场所，使用超净工作台应提前打开紫外线灯消毒30分钟。要求操作熟练，动作迅速。其操作规程及方法步骤如下。

①转管时应在接种室或超净工作台的无菌区，按照无菌操作规程，手、母种斜面试管先用75%酒精棉球擦洗消毒。

②左手平托两支试管，手指按住试管底部，外侧一支是供接种用的菌种试管，内侧支是待接母种的试管。

③右手拿接种针或接种铲，用拇指、食指和中指握住其柄部，将接种针或接种铲插入75%的酒精消毒瓶中消毒，在酒精灯火焰上灼烧接种针或接种铲的顶端，逐渐将杆部也在火焰上慢慢通过，这样反复3次即可将接种针或接种铲彻底灭菌，切记最后一次灼烧后不能再浸入酒精瓶中，应在火焰旁自然冷却。

④将左手平托的两支试管管口靠近火焰，用右手的小指和手掌将外侧菌种管上的棉塞拔出，再用中指和无名指拔出内侧试管口上的棉塞夹在手指中（不得放在桌子上或台面上），将两支试管口迅速移到酒精灯火焰旁边。

⑤将烧过并冷却的接种针或接种铲伸入母种试管中，在菌丝斜面上勾取5毫米左右大小的一块菌丝块，迅速放到待接试管斜面的中部，将试管口在火焰上烧一下，然后立即塞上棉塞。

⑥接种完毕，再将接种针或接种铲在火焰上灼烧灭菌。以免使接种的菌丝扩散，造成污染。

⑦菌种接完后，贴好标签或用记号笔在试管壁上注明菌种名称及接种日期等。

⑧将同类菌种扎好，送到该菌所要求的最适温度下（恒温箱或恒温室内）培养，一般培养2天，检查有无杂菌生长，7~15天母种菌丝即可长满斜面。

四、食用菌一级菌种质量鉴定

（一）质量鉴定原理

食用菌的母种分离、引进和转管扩大培养后，都应检验其是否符合质量标准，因为一级菌种是菌种生产的基础，一级菌种质量的优劣，直接关系到二级菌种和三级菌种的质量，最终会对食用菌生产产生根本的影响。因此，对分离、引进或转管后获得的母种需经选优去劣后，才能用于生产。

（二）材料与仪器

1. 菌　种

双孢蘑菇、平菇、香菇、木耳、银耳、草菇、金针菇等的母种。

2. 器　材

马铃薯蔗糖琼脂平板培养基、石碳酸复红液、乳酸石炭酸棉蓝液、镊子、刀片、放大镜、显微镜等。

（三）任务实施

1. 食用菌母种质量鉴定方法

①直观法。凭感观直接观察菌种表面性状，称直观法。优良菌种一般共有的特征是：纯度高、无杂菌；色泽正、有光泽；菌丝健壮、浓密有力；具有其特有的香味，无异味。若菌丝已干燥、收缩或菌丝体自溶产生大量红褐色液体，则表明生活力下降，不能继续作菌种使用。直观法比较简单，但鉴定人必须要有丰富的实践经验。

②镜检法。在载玻片上放 1 滴蒸馏水，然后挑取少许菌丝，置于水滴上，盖好盖玻片，再置于显微镜下观察。玻片也可普通染色后镜检。若菌丝透明，呈分枝状，有横膈，锁状联合明显，再加上具有不同品种固有的特征，则可认为是合格菌种。

③培养观察。对各种食用菌母种通过培养菌丝，观察对水分、湿度、温度、pH 值的耐受性，以确定菌种生活力和适应环境能力。如将母种接到干湿度适宜的培养基上，在适宜的条件下培养，菌丝生长快、整齐、浓而健壮的是优良菌种。菌丝生长过快或过慢，菌丝不整齐且凌乱的则是不好的菌种。

④出菇（耳）试验。对各种食用菌母种做出菇（耳）试验，根据条件采用瓶栽、袋栽、压块栽培，观察出菇（耳）能力，做好记录，分析产量和质量。若将菌种接到木屑、玉米芯、棉籽壳等代料培养基上，放于适宜的条件下培养，菌丝生长健壮、出菇快、朵形好、产量高的为优良菌种。

2. 常见食用菌母种质量鉴定

母种的鉴别主要是根据菌丝微观结构的镜检和外观形态的肉眼观察加以鉴别。

①香菇。菌丝洁白，呈棉絮状，菌丝初期色泽淡、较细，后逐渐变白粗壮。有气生菌丝，略有爬壁现象。菌丝生长速度中等偏快，在24℃下约13天即可长满试管斜面培养基。菌丝老化时不分泌色素。

②木耳。菌丝白色至米黄色，呈细羊毛状，菌丝短，整齐，平贴培养基生长，无爬壁现象。菌丝生长速度中等偏慢，在28℃下培养，约15天长满斜面培养基。菌丝老化时有红褐色珊瑚状原基出现。菌龄较长的母种，在培养基斜面边缘或底部出现胶质状、琥珀状颗粒原基。

③平菇。菌丝白色，浓密，粗壮有力，气生菌丝发达，爬壁能力强，生长速度快，在25℃下约7天就可长满试管培养基斜面。菌丝不分泌色素，低温保存能产生珊瑚状子实体。

④双孢蘑菇。菌丝白色，直立、挺拔，纤细、蓬松，分枝少，外缘整齐，有光泽。分气生型菌丝和匍匐型菌丝两种，一般用孢子分离法获得的菌丝多呈气生型，菌丝生长旺盛，基内菌丝较发达，生长速度快；用组织分离法获得的菌丝呈匍匐型，菌丝纤细而稀疏，贴在培养基表面呈索状生长，生长速度偏慢。菌丝老化时不分泌色素。

⑤金针菇。菌丝白色，粗壮，呈细棉绒状，有少量气生菌丝，略有爬壁现象，菌丝后期易产生粉孢子，低温保存时容易产生子实体。菌丝生长速度中等，在25℃下约13天即可长满试管培养基斜面。

⑥草菇。菌丝纤细，灰白色或黄白色，老化时呈浅黄褐色，菌丝粗壮，爬壁能力强，多为气生菌丝，培养后期在培养基边缘出现红褐色厚垣孢子，菌丝生长速度快，在33℃下培养4~5天即可长满试管培养基斜面。

⑦银耳。银耳母种包括银耳菌和香灰菌。银耳菌丝体纯白色，短而细密，前端整齐。培养初期，菌丝呈绣球状的白毛团，生长速度极缓慢，每日生长量为1毫米，随着菌龄延长，白毛团四周有一圈紧贴培养基的晕环。如不易胶质化，适合做段木种；反之，适宜做代料种。香灰菌在PDA培养基上，菌丝灰白粗短，呈羽毛状，爬壁力极强，生长快，一般3~5天可布满斜面，同时分泌大量色素，渗入培养基中，使培养基全部变黑。将

上述两种菌混合，即得银耳母种。

五、食用菌菌种的保藏技术

（一）保藏技术原理

保藏菌种一般以试管的形式进行保存。菌种保藏的基本原理是尽可能地降低菌丝的生理代谢活动，使生命活动处于休眠状态，从而达到菌种保藏的目的。通常采用干燥、低温、冷冻、缺氧、真空等手段进行菌种保藏。

（二）材料与仪器

母种试管、PDA 试管斜面、麦粒、液状石蜡（装入三角瓶中，经高压蒸汽灭菌后，40℃干燥箱烘干水分后备用）、滤纸条（装入培养皿中经 1.05 千克 / 平方厘米高压蒸汽灭菌后备用）、灭菌插菇铁丝架、无菌带棉塞空试管、超净工作台、接种用具、无菌镊子、固体石蜡、坩埚、酒精灯、试管架、塑料薄膜、牛皮纸、捆扎绳、标签、普通冰箱等。

（三）任务实施

1. 斜面低温保藏法

将保藏的母种接入 PDA 斜面培养基中，待菌丝长至斜面的 2/3 时，选择菌丝生长粗壮整齐的母种试管，将试管口的棉塞用剪刀剪平。利用酒精灯在坩埚里融化固体石蜡，用于密封试管口，在外包扎一层塑料薄膜，最后将试管斜面朝下放入 4℃冰箱里保存。有效保藏期一般为 3~6 个月，最好在 2~3 个月时转管。如用无菌胶塞封口的菌种，在冰箱中可保藏 3 年之久，仍具有很强的生活力。保藏的菌种在使用时应提前 12~24 小时从冰箱中取出，经过适温后恢复活力方能转管。

2. 麦粒培养基保藏法

选择颗粒饱满、新鲜、无病虫害的小麦粒，用清水浸泡 10 小时左右，滤干后分装入试管，容量为试管长度的 1/3，塞好棉塞，在 1.05 千克 / 平方厘米压力下灭菌 1 小时，28℃培养 24 小时后，再在 1.05 千克 / 平方厘米压力下灭菌 1 小时。在无菌操作下，将要保藏的菌种接入灭菌好的麦粒培养基内。在 25℃下培养，菌丝长满培养基后，在无菌操作下换上无菌胶塞并蜡封，放入 4℃左右冰箱内保藏。使用时，在无菌操作下，将每支斜面培养基中央接入少量麦粒，培养至菌丝长满斜面即可。采用麦粒培养基作为保藏菌种的培养基，可保藏菌种 1 年以上。

3. 液状石蜡保藏法

将需要保存的菌种接到培养基上，最好用综合马铃薯琼脂培养基，在适温下培养至菌丝长满斜面。然后把液状石蜡装于三角瓶中，装至瓶体 1/3 处，塞上棉塞，并包纸，另将 10 毫升试管若干支也包装好，在 1.05 千克 / 平方厘米压力下灭菌 1 小时，再放入 100℃烘箱内干燥 1 小时以蒸发其中水分，至石蜡油完全透明为止。将处理好的石蜡油移接到空白斜面上，在 28~30℃下培养 2~3 天，证明无杂菌生长方可使用。然后用无菌操作的方法把液状石蜡注入待保藏的斜面试管中。注入量以高出培养基斜面 1~1.5 厘米，塞上橡皮塞，用固体石蜡封口，直立于低温干燥处保藏。保藏时间在一年以上，在低温下，保藏时间还可延长。

本节内容主要介绍了食用菌一级菌种常用培养基配制和消毒灭菌的方法，食用菌一级菌种的分离、接种、培养、鉴定及保藏方法，以及食用菌菌种生产的无菌操作规程等。

从孢子分离培养或组织分离培养获得的纯菌丝体，在生产上称一级菌种或母种。一级菌种的菌丝体较纤细，分解养料的能力弱，需要在营养丰富而又易于吸收利用的培养基上培养。如 PDA 培养基、PSA 培养基。在食用菌生产中，一级菌种主要用于扩大繁殖成二级菌种或菌种保藏，再由此扩大繁殖成三级菌种，供栽培用。因此，一级菌种是菌种生产的基础，一级菌种质量的优劣，直接关系到二级菌种和三级菌种的质量，对食用菌生产产生根本的影响。因此，要求一级菌种必须纯度高，质量好。绝对无杂菌感染。

在食用菌生产中，一级菌种是在实验室内经分离提纯后获得的菌种，培育技术较复杂，对制种设备要求较高，通常由专门的育种单位来培养。

菌种分离是菌种纯化的基本方法，是制种工作的首要环节和核心技术。菌种分离成功的关键是无菌操作。要做到无菌操作，必须注意两点：

①严格树立无菌观念，②严格遵循无菌操作规程。任何一个操作过程都要注意避免把其他任何无关的菌体带到培养基中。无菌操作作用：无菌操作可降低污染、提高成功率。通常食用菌菌种分离常采用组织分离法、孢子分离法和基内菌丝分离法 3 种。

经菌种分离或转管后得到的母种，都需要放在适宜的环境条件下进行培养。培养条件包括温度、湿度、空气和光照。在菌种的培养过程中一定要经常检查所培养的菌种是否感染了杂菌，如有感染则要及时剔除、清理。食用菌优良菌种应具有“纯、正、壮、润、香”的共性。

菌种保藏的目的是防止优良菌种的变异、退化、死亡以及杂菌污染，确保菌种的纯正，从而使其能长期应用于生产及研究。菌种保藏的主要原理是通过采用低温、干燥、冷冻及缺氧等手段最大限度地降低菌丝体的生理代谢活动，抑制菌丝的生长和繁殖，尽量使其处于休眠状态，以长期保存其生活力。

第二节　食用菌二级、三级菌种制作技术

二级菌种是由一级菌种扩大培养而成的菌种。一般是将母种接种到装有木屑、棉籽壳、谷粒、稻草等培养基的菌种瓶中进行培养，因此二级菌种又被称为原种或瓶装种。一级菌种经固体培养基进行培养形成原种的过程中，菌丝体对培养基有了一定的适应能力，且生长也比较健壮，因此，原种也可以作为栽培种直接用于大田生产。

为适应大规模栽培的需要，由原种扩大培养而得到的菌种，常称为生产种或三级菌种，由于主要以塑料袋为培养容器，也称为袋装种。栽培种一般只用于生产，不能用于再扩大繁殖菌种，否则会导致生活力下降，菌种退化，造成损失。食用菌二级、三级菌种营养条件相同，制作方法一致，因此，相同内容一起介绍。

制作二级、三级菌种的目的，一是扩大种量，满足生产需要；二是让菌丝对各种秸秆类物质具有适应能力，并在适应的同时产生各种酶类；三是在培养过程中对菌种的生命力、纯度等进行检验，存优弃劣。

食用菌二级、三级菌种生产的工艺流程为：配料（配制培养基）→装瓶（栽培种可以用塑料袋）→灭菌→接种→培养。

一、制作食用菌二级、三级菌种

（一）制作原理

原种的生产是由母种移接入原种培养基，经培养而成，原种也称二级菌种。制备原种常用的培养料有小麦、谷粒等。原种多用菌种瓶装，也可以用聚丙烯塑料袋装。但使用塑料袋时要仔细检查，有时塑料袋有沙眼或封口不严，容易污染。

食用菌三级菌种是由二级菌种进行移接扩大繁殖而成的，是直接用于栽培的菌种，因此又叫栽培种。其制作方法基本与原种相同。菇类不同，

制备栽培种所用培养基的成分也有差异，常用的培养料有木屑、棉籽壳、粪草和枯木等。栽培种既可以用瓶装，也可以用聚丙烯塑料袋装。袋装具有装量多、便于携带和容易挖菌等优点，但使用塑料袋时要仔细检查。

（二）材料与仪器

小米（或小麦）、棉籽壳（或玉米芯）、麦麸（或米糠）、石膏、锥形木棒、聚丙烯塑料袋或菌种瓶、颈圈、棉花、防潮纸（或牛皮纸）、细线绳、水桶、盘秤、量杯、75% 消毒酒精瓶、75% 消毒酒精棉球瓶、酒精灯、火柴、记号笔。接种室（箱）、培养室、高压灭菌锅、接种勺（或大镊子、接种铲）、小镊子等。

（三）任务实施

1. 二级菌种培养基的制作

（1）工艺流程

浸泡→蒸煮→控水→拌料→装瓶→封口→灭菌→冷却→接种→培养。

（2）培养基配方

小麦（玉米、高粱和谷子）97%，石膏粉 2%，碳酸钙 1%。

（3）制作方法

①浸泡。在制种前 1 天用 2% 石灰水浸泡小麦，夏天浸泡 10~12 小时，春秋浸泡 16~18 小时，第二天早上检查麦粒是否浸透，如果没浸透应再延长浸泡时间。然后把浸透麦粒捞起沥去石灰水，用清水冲洗干净，pH 值达 8 即可。

②蒸煮。将洗净的麦粒放入沸水中煮至麦粒中心无白心而外面不裂为止，不要煮得太熟呈开花状。

③控水。捞起沥水，摊开晾干，至表面无水即可。

④拌料。根据制种需要按各种营养成分的配比称量各种原料。石膏粉和碳酸钙等溶于水的原料先混溶在拌料用的水中，再泼洒到小麦上搅拌均匀。

⑤测培养料水分。培养料拌好后，用手抓一把料握在手中，用力捏紧。以手指缝中无水滴为宜，这时的含水率为 60% 左右，若含水率不足，

可再加少量的水，充分搅拌均匀，再检测，直至含水率合适为止。

⑥装瓶。将拌好的培养料装入菌种瓶中，边装边压实，一直装到菌种瓶容积的3/5左右。

⑦封瓶口。将瓶口塞上棉塞，棉塞的外面还要包一层防潮纸（或牛皮纸），用线绳扎好。擦净塑料袋外面所粘的培养料。

2. 三级菌种培养基的制作

（1）配　方

棉籽壳78%、麦麸或米糠20%、过磷酸钙1%、糖1%。料：水为1：（1.3~1.4）。

（2）拌　料

根据制种需要按各种营养成分的配比称量各种原料。然后将棉籽壳和麦麸等不溶于水的原料拌均匀。过磷酸钙、蔗糖等溶于水的原料先混溶在拌料用的水中，再泼洒到棉籽壳等干料上搅拌均匀。

（3）测培养料水分

培养料拌好后，用手抓一把料握在手中，用力捏紧。以手指缝中有水渗出但无水滴滴下为宜，这时的含水率为62%~64%。若含水率不足，可再加少量的水，充分搅拌均匀，再检测，直至含水率合适为止。

（4）装　袋

将拌好的培养料装入聚丙烯塑料袋中，边装边压实，一直装到塑料袋容积的3/5左右。

（5）打　孔

装好培养料后，从袋中央用锥形木棒打1孔，孔深距袋底部2~3厘米。

（6）封袋口

将塑料颈圈或无棉盖体的环套套在塑料袋口上，然后将袋口外翻，塞上棉塞或盖上无棉盖体的盖子。棉塞的外面还要包一层防潮纸（或牛皮纸），用线绳扎好。擦净塑料袋外面所粘的培养料。

3. 灭　菌

由于原种数量小，使用小型灭菌锅即可，但制作栽培种数量大时小型灭菌锅不合适，有条件的单位可以购置大型立式或卧式电热高压蒸汽灭菌锅。灭菌时应按灭菌锅的使用说明进行操作。原种或栽培种由于装量较多且较实，一般要求灭菌压强为1.4~1.5千克/平方厘米，时间为1.5~2.0小时。

4. 接种和培养

（1）接　种

接种室消毒与母种相同。原种的接种方法是斜面母种接瓶装原种培养基时，一般可按母种转管的要求操作，只是接种工具可根据不同接种内容而适当更换。一般先将斜面横向切割成6~8段，将每段连同培养基一同挑出并接入瓶内接种穴处。若两人配合接种，则更为方便。母种接袋装原种的方法与此相似。

原种接种量一般1支试管母种可以接原种6~8瓶。可以增加接种量，但是不能减少接种量，增加接种量，可以缩短菌种封面时间，缩短培养时间。但是不会增加产量。

栽培种的接种方法与原种接种相似。两人合作接种时，一人以无菌操作方法用接种铲或大镊子取一小块原种；另一人在酒精灯火焰旁打开栽培种袋口（袋口应倾斜在火焰旁，切勿直立），迅速将原种接到袋中。塞上棉塞或盖上无棉盖体的盖子即可。一瓶原种（500毫升罐头瓶）可以接栽培种40~60瓶或25~30袋。

（2）培　养

接种完毕，将原种瓶或栽培种袋搬到适宜这种食用菌菌丝生长的温度（一般比最适生长温度低2~3℃）、空气相对湿度为60%~70%的培养室内培养。

二、食用菌二级、三级菌种的质量鉴定

二级、三级菌种的质量直接关系到食用菌生产的产量高低和质量好坏，甚至决定着食用菌生产的成败。因此，对生产出的或购进的二级、三级菌种进行质量检查至关重要。

1. 优良的原种、栽培种具备的特征

（1）外观要求

①菌种瓶或菌袋完整无破损，棉塞处无杂菌生长，菌种瓶或菌袋上标

签填写内容与实际需要菌种一致。

②菌丝色泽洁白或呈该菌种应有的颜色，如银耳菌种还应有香灰色的香灰菌丝。

③菌丝生长健壮，有爬壁能力，菌丝分布均匀一致，绒状菌丝多，有特殊的菇香味。已经长满整个瓶装或袋装培养基，菌袋富有弹性。

④菌种瓶或菌袋内无杂色出现，未被杂菌污染，无黄色或褐色汁液渗出。

⑤菌种未出现如下老化现象：培养基干缩与瓶壁或袋壁分离，出现转色现象，出现大量菌瘤。

（2）菌龄要求

①要用正处在生长旺盛期的母种或原种接种进行原种或栽培种的生产。

②一般情况下，原种培养好后，应立即扩大制成栽培种；栽培种培养好后，立即用于生产栽培。如一时用不完，可将其放在阴凉、干燥、通风的地方存放，存放时间不宜超过 20 天，以防菌种老化，生活力下降或污染变质。如果存放期过长，即使直观健壮，其生活力也大大下降，不能用于生产。

2. 常见原种及栽培种质量鉴定

（1）平菇菌丝特点

平菇菌丝洁白，粗壮，密集，尖端整齐，长势均匀，爬壁力强，菌柱断面菌丝浓白，清香，无异味，发菌快，后期有少量珊瑚状小菇蕾出现，菌龄约 25 天。如瓶内出现大量的子实体原基，说明菌种已过度老化；菌丝向下生长缓慢，可能是培养料过干或过紧；菌丝稀疏无力，发育不均，可能是培养料过湿，或配方不当，或装瓶过松；菌种瓶底有积水，属菌种老化现象；若有绿、黄等颜色，说明已被杂菌感染。凡有上述任何一种现象的菌种应弃而不用。

（2）香菇菌丝特点

香菇菌丝洁白，粗壮，生长旺盛，后期见光易分泌出酱油色液体，在菌瓶或菌袋表面形成一层棕褐色菌皮，有时表面会产生小菇蕾，菌龄约 40 天。若菌丝柱与瓶壁脱离，开始萎缩，说明菌种已老化，应尽快使用；接入菌种不向培养基内生长，可能是配方不当，应更换培养基重新生产；若菌丝柱下端有液体，菌丝开始腐烂，可能是细菌污染；菌种开始出现小菇蕾，去掉菇蕾，迅速使用。

（3）木耳菌丝特点

木耳菌丝洁白，密集，棉绒状，短而整齐，菌丝发育均匀一致，培养后期瓶壁或袋壁周围会出现褐色、浅黑色梅花状胶质原基，菌龄约 40 天。若菌丝满瓶后出现浅黄色色素，或周围出现黄色黏液为老化标志，不宜采用；如菌丝长到一定深度，或只长一角落不再蔓延可能是培养基太湿或干湿不均引起；若菌丝生长停止，并有明显的抑制线，可能混有杂菌。

（4）双孢蘑菇菌丝特点

双孢蘑菇菌丝灰白带微蓝色，细绒状，密集，气生菌丝少，贴生菌丝在培养基内呈细绒状分布，发菌均匀，有特殊香味，菌龄约 50 天。如果菌丝纤细无力或呈粗索状，常是培养料太湿或菌种老化；培养料表面有一层厚菌被，是生产性能差的菌种，应立即淘汰。

（5）金针菇菌丝特点

金针菇菌丝白色，健壮，尖端整齐，后期有时呈细粉状，伴有褐色分泌物，菌龄约 45 天。若后期木屑培养基表面出现琥珀色液滴或丛状子实体，应尽快使用；若菌种瓶有条明显的抑制线，是培养基太湿所致；若菌丝生长稀疏，除了菌种生活力降低外，可能是使用木屑不当，或麸皮用量较少。

（6）草菇菌丝特点

草菇菌丝密集，呈透明状的白色或黄白色，分布均匀，有金属暗红色的厚垣孢子，菌龄约 25 天。若菌丝洁白、浓密，则可能是杂菌，应进行镜检分析；若培养基表面菌丝零星、萎缩，培养基干涸或腐烂为过度老化菌种，不可使用。

（7）银耳菌丝特点

瓶内香灰菌的羽毛状菌丝颜色洁白，生长健壮，初期分布均匀，后期耳基下方出现成束根状分布，表面黑疤多分布均匀，无其他杂斑；银耳菌丝深入培养基内较深部位，在耳基下面有较厚的一层银耳菌丝，木屑颜色已变淡，白色绒毛团旺盛，耳基大，生命力强；如果有羽毛状菌丝，而白色绒毛团缺少，则必须加银耳酵母状分生孢子才能使用。如果瓶内很快出现子实体（10~15 天），或白色绒毛团又多又小，说明菌种移接次数过多；如果羽毛状菌丝稀疏，子实体呈胶团或胶刺状，说明培养基过湿。

三、小结

本节主要介绍了食用菌二级、三级菌种培养基配制和二级、三级菌种的接种、培养、鉴定方法。二级菌种是由一级菌种扩大繁殖成的菌丝体，也称为原种，它是一级菌种和三级菌种之间的过渡种。三级菌种是由二级菌种扩大繁殖成的菌丝体，是直接用于栽培的菌种，又称栽培种或生产种。二级、三级菌种的培养基及其制种过程大同小异。菌种经过三级逐步扩大培养，菌丝体数量大大增加，菌丝越来越粗壮，分解养料和适应环境的能力也越来越强。在生产上只有用这样的菌丝体播种，才能获得高产、优质的子实体。

食用菌原种和栽培种的营养要求基本相似，因此可以采用相同的培养基配方，一般都是以天然有机物质外加一定比例的无机盐类配制成半合成的固体培养基。但是从菌丝的发育进程和分解养料能力上来说，原种对培养基的要求比栽培种要更精细，营养成分更丰富一些。栽培种培养基则更粗放、广泛些。

接种是指将食用菌菌种移植到适于其生长繁殖的培养基上的过程。接种也是食用菌制种工作中一项最基本的操作。接种时的无菌操作有：斜面移接斜面、斜面移接菌种瓶、菌种瓶移接栽培袋等。尽管接种内容和形式不同，在操作上有一定的差异，但基本程序，特别是无菌要求是一致的。二级、三级菌种的料瓶（袋）接种之后，需放置在适宜的环境条件下进行培养。

菌种制作过程中只要做到：选择优良菌种→选择正确配方和优质原料→严格灭菌→严格无菌操作→科学培育，即可培育出优良的二级、三级菌种。

第三章　食用菌栽培技术

第一节 鸡腿菇栽培技术

一、概 述

鸡腿菇，学名毛头鬼伞（拉丁学名 *Copyinus comatus*），隶属于真菌界、真菌门、担子菌亚门、层菌纲、伞菌目、鬼伞科、鬼伞属。鸡腿菇因在较低温条件下形成的子实体个头粗大，肉质紧实，菌柄上细下粗，形似鸡腿而得名，又称毛头鬼伞、鸡腿蘑、刺蘑菇等（图 3-1）。

鸡腿菇子实体肥厚，肉质细嫩，味道鲜美，营养价值高。其中人体必需的 8 种氨基酸，特别是谷氨酸、天冬氨酸和酪氨酸含量丰富。鸡腿菇性平，味甘滑，有益脾胃、清心安神、治疗痔疮、降血压、抗肿瘤等功效，据英国阿斯顿大学报道，鸡腿菇含有治疗糖尿病的有效成分，食用后降低血糖效果明显，对糖尿病患者具有一定食疗功效。

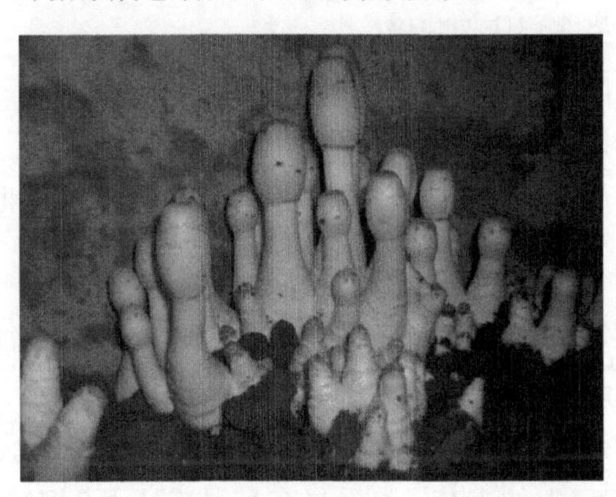

图 3-1 鸡腿菇

鸡腿菇栽培原料丰富，有各种农作物秸秆、棉籽壳、玉米芯、杂草、畜禽粪、废菌料等。鸡腿菇菌丝生长快，抗杂菌能力强，易栽培成功。鸡腿菇出菇期长，产量高，价格稳定，栽培效益高，是近年来发展较快的食用菌之一，具有较高的推广价值。

1. CC-168

单生，个大，一般单个重为20~50克，最大单个重可达400克以上，个体圆整，菇形漂亮，菇体乳白色，菌柄白色，鳞片少且平，不易开伞，栽培加工性能都较好，生物效率一般为80%~110%，单位面积产量为12~14千克/平方米。

2. 特白36

出菇温度为7~28℃，菇体洁白如雪，个体中等偏大，丛生或单生，鳞片少，鲜销无须刮皮。耐湿性强，品质优，产量高，生物效率为150%~180%。

此外，可供选择的鸡腿菇品种还有很多，如特白33、特白39、CC-180、CC-173、CC-123等。

二、鸡腿菇栽培技术

1. 栽培场所

鸡腿菇的栽培场所可因地制宜，尽量利用闲置房屋及空闲地，也可利用日光温室进行地栽或与蔬菜、果树等作物套栽。

①在菇房内搭多层床架栽培。

②日光温室内地栽或者与其他作物套栽。

③露地搭小拱棚畦栽。

④空闲地（如房屋前后，林、果树下等）搭阴棚或小拱棚栽培。

2. 栽培季节确定和菌种制备

①栽培季节确定。鸡腿菇子实体生长的温度是自然条件下确定栽培季节的关键，鸡腿菇的出菇期安排在当地气温稳定的季节。宁夏固原地区鸡腿菇栽培季节的确定主要考虑低温，出菇期安排在当地气温（或室温、棚温）稳定在10℃以上的季节，夏季虽有高温（高于24℃）但持续时间不长，可采取遮阴、通风或喷水等措施调节，如果高温幅度大、持续时间长，可停止出菇，等气温稳定后再进行管理。

②菌种制备。选用适合本地气候、产量高、品质优、商品性好的优良菌株，按栽培季节，培育出足量、健壮、纯正、适龄的优质栽培种，无条

件制种的可向制种厂家定购适龄的栽培种。

3. 塑料袋栽培

（1）工艺流程

工艺流程如图 3-2 所示。

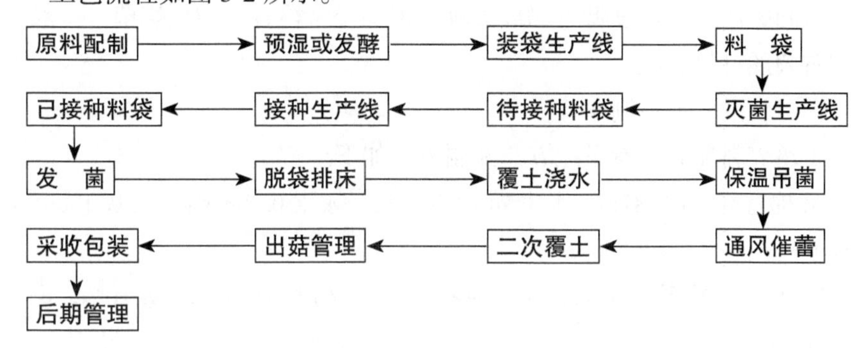

图 3-2　鸡腿菇栽培工艺流程

（2）熟料制作

①培养料配制，参考配方与配制方法如下。

A. 棉籽壳 87%，米糠（或麸皮）10%，尿素 0.5%，石灰 1%~5%，石膏 1%。

B. 玉米芯（粉碎）87%，米糠（或麸皮）10%，尿素 0.5%，石灰 1%~5%，石膏 1%。

C. 麦草（粉碎）47%，玉米芯（粉碎）40%，米糠（或麸皮）10%，尿素 0.5%，石灰 1%~5%，石膏 1%。

D. 棉籽壳 40%，玉米芯（粉碎）46%，米糠（或麸皮）10%，尿素 0.5%，糖 1%，石灰 1%~5%，石膏 1%。

配制方法：按照配方将所有原料充分拌匀，再调水，使含水量达 60%~65%，以手紧握培养料指缝有水渗出但不滴下为度，加石灰将培养料 pH 值调为 8 左右。

②装袋、灭菌。塑料袋选择宽 17~23 厘米、长 40~45 厘米、厚 0.04 厘米的聚丙烯（高压灭菌）或聚乙烯（常压灭菌）袋，用手工或装袋机装料，要求装料均匀，松紧适度，袋两头用扎绳扎紧，装好的袋应立即灭菌（高压 4 千克 / 平方厘米，保持 5~3 小时；常压 100℃，保持 10~12 小时）。

③接种、发菌。灭菌后的料袋冷却后搬入接种室或接种箱，严格消毒后进行两头接种，接种量以完全覆盖袋口料面为好，袋两头用扎绳扎口，但不宜过紧，最好用套环，通气盖封口。接好种的菌袋搬入24~26℃的温度下发菌，菌袋码放可以根据发菌温度灵活掌握，温度高码放的层数要少，袋间距离大，温度低可码放大堆，但要经常检查，防止烧菌，一般30天左右菌丝可长满袋。

（3）发酵—熟料制作

①培养料配制。参考配方与配制方法如下。

A. 棉籽壳76%~87%，干牛粪10%~20%，尿素0.5%~6%，石灰1%~5%，石膏1%。

B. 麦草（粉碎）37%，玉米芯40%，干鸡粪10%，米糠10%，石灰2%，石膏1%。

C. 玉米芯（粉碎)77%，干鸡粪10%，米糠10%，石灰2%，石膏1%。

配制方法：先将干粪粉碎，将等量麦草或玉米芯或棉籽壳，充分拌匀，使含水量为65%左右，堆成高1米、宽2~5米的堆进行发酵，当温度达到60℃时翻堆，共翻2~3次，再与其他原料拌匀，并调水至含水量65%左右，建成高1米、宽2~5米的堆，温度至60℃翻堆2次。

②装袋灭菌。装袋同熟料，装好的料袋用常压灭菌（100℃，保持4~6小时）。

③接种、发菌（同熟料）。

（4）发酵料制作

①培养料配制，参考配方与配制方法如下。

A. 棉籽壳80千克，干牛粪20千克，尿素0.5~1千克，磷肥2千克，石灰3千克，水150~160千克。

B. 玉米秆60千克，棉籽壳20千克，干牛粪20千克，尿素1千克，磷肥2千克，石灰3千克，水150~160千克。

配制方法：将各种原料充分拌匀，建成高1米、宽5米的堆，覆盖薄膜发酵，当温度达60℃时保持12小时，共翻2~3次。最后一次翻堆时喷杀虫剂，盖严膜杀虫。

②拌种装袋。将料摊开降至常温（26℃以下），拌上10%~20%的菌种，及时装袋，移至20℃以下的环境发菌，20~30天可发满。

（5）脱袋排床（以菇棚地面栽培为例）

搬袋前2~3天整平菇棚的地面，用杀虫剂和杀菌剂对菇棚进行杀虫、消毒处理，并在地面上撒适量的石灰粉。再将发满菌丝的菌袋搬入菇棚，剥去塑料袋，排放菌床，菌床南北向，北面距墙70厘米左右，南面空出30厘米左右，菌棒的长向与菌床的宽向平行，棒与棒间留5厘米左右的间隙，每一菌床排放两列菌棒，列间紧靠不留间隙，两菌床之间留25~30厘米（作为走道和浇水渠）。

（6）覆土、浇水

菌床排好后，用处理好的土壤（土中拌2%石灰，再用1%敌敌畏和2%高锰酸钾或多菌灵喷洒，盖严闷堆3~4天）填满菌棒间隙，床面及边缘再覆3~4厘米厚的土壤，然后向床间走道及南面走道浇水，使水渗透菌床，边渗边向床面及床缘补土，保持3~4厘米厚的覆土。

（7）保温、吊菌

待床面覆土不粘手时立即整平床面，覆盖薄膜保湿吊菌，吊菌期间菇棚温度为21~26℃，每天揭膜适量通风1~2次，促使菌丝向土中生长，以菌丝长透整个覆土层为好。

（8）通风、催蕾

当菌丝长满、长透覆土层后，加大菇棚通风量，并适量向床面喷水（若土层湿度大可不喷水），促使菌丝扭结形成菇蕾。

（9）二次覆土

二次覆土可使鸡腿菇的出菇部位降低，延长子实体在土中的生长时间，菇体个头大，肉质紧实，品质提高。当菌床扭结并有少量菇蕾时，再向床面覆盖1.5~2厘米处理好的湿土（与第一次覆土处理方法一样，调水至手握成团但不粘手为宜）。

（10）出菇管理

出菇期保持床面覆土湿润，并加强通风换气，当床面土壤较干时，向床间走道和南面渠道灌水，水面高度要始终低于床面覆土层，使水渗入覆土层，但不能漫过覆土层，否则造成土壤板结、湿度过大、出菇困难或烂菇，灌水还可提高菇棚的湿度。菇棚湿度保持在85%~95%，湿度低时可向墙体、走道喷水，一般不要向床面喷水，否则易造成菇体发黄或烂菇。

（11）采　收

鸡腿菇采收要及时，宜早不宜迟，当菌盖与菌柄稍有拉开迹象，手捏紧实时就要及时采收，手捏有空感甚至菌盖与菌柄松动时采收后不易保存，很快就会开伞变黑。采收时一手压住覆土层，一手捏住菇柄下端，左右轻轻摘下即可。

（12）后期管理

当一茬菇采完后，及时清理菇根、死菇及杂物，补平覆土层，然后喷2%石灰水，有病及时喷药防治，向走道及南面渠道灌水，进入正常管理。

4. 发酵料床架栽培

（1）工艺流程

原料配制→建堆发酵→防虫处理→铺料上畦（床）→播种发菌→覆土调水→吊菌催蕾→出菇管理。

鸡腿菇类似于双孢蘑菇，可利用菇棚（房）、日光温室等进行发酵料栽培，但鸡腿菇分解纤维素、木质素的能力比双孢蘑菇强，且菌丝生长快，抗杂菌能力强，因此鸡腿菇培养料的发酵与双孢蘑菇相比时间短、翻堆次数少、技术要求低。

（2）铺料发菌

在阳畦内或床架上（架面铺膜）铺上发酵好的培养料，料厚15~20厘米，分3层播种，用种量10%左右，最后一层菌种撒在料表面，用木板轻轻拍平，料面覆盖3厘米左右厚的湿土（处理方法同塑料袋栽培），20~30天菌丝可长满培养料和覆土层。

（3）出菇管理

当菌丝长满培养料和覆土层后，菇房（棚）应以降温、保湿为主，并给予适当的散射光，促使菌丝扭结形成原基。菇棚（房）温度控制在16~22℃，湿度控制在85%~95%，并适量通风换气，保持菇棚（房）内空气新鲜，促进子实体正常生长。

第二节　海鲜菇栽培技术

一、概　述

海鲜菇，学名真姬菇（拉丁学名 *Hypsizygus marmoreus*），隶属担子菌门、担子菌纲伞菌目、白蘑科、玉蕈属，又称玉蕈、斑玉蕈、蟹味菇、鸿喜菇，是日本首先驯化栽培成功的一种珍贵食用菌，在国际市场上颇受欢迎。海鲜菇菌盖肥厚，菌柄肉质，菌盖颜色一般为灰色、灰褐色。海鲜菇质地脆嫩，口味鲜美，营养丰富。我国于20世纪90年代引进并逐步推广，生产的海鲜菇多以盐渍品出口外销，出口规格为菌盖直径1.5~4.5厘米，柄长2~4厘米。生产过程主要通过控制环境条件获得盖小柄长的子实体。近年来，国内一些大城市郊区也有鲜品和腌制品出售，市场前景十分看好（图3-3）。

图3-3　海鲜菇

二、栽培技术

（一）工艺流程

1. 熟料袋栽工艺流程

配料→装袋→灭菌→冷却→接种→发菌→出菇管理→采收加工。

2. 生料（发酵料）袋栽工艺流程

配料→堆制发酵→装袋→接种→发菌→出菇管理→采收加工。

（二）技术要点

1. 栽培季节

海鲜菇与香菇、平菇相似，属中低温型、变温结实性菇类。子实体原基分化温度为10~17℃。在适宜温度范围内，温差变化越大，子实体分化越快。海鲜菇的规模栽培主要分布在湖北、河北、山西、河南等产棉省区，一般为秋冬栽培。在河北省的最佳出菇季节为10月中下旬至翌年3月中旬，即7月上旬制作三级种，9月中旬接种栽培袋，10月中下旬开始出菇。

2. 菇棚建造

海鲜菇栽培产量高低、品质优劣，除选用优良菌种、选择适宜季节和科学管理外，在我国北方栽培中关键还需建造一个结构合理，具有良好保温、保湿性能的菇棚。菇棚以半地下室为好。选择背风向阳地，菇棚东西长10~20米，南北宽3~5米，栽培地下深1米，棚顶最高处2米。菇棚结构有两种，一是周围“干打垒”土墙结构，北高南低呈30°角；二是拱形顶，东西墙留有对称通风口，竹木为架，塑料薄膜封顶，加盖草帘。棚门设在土墙东西向的中央，棚内中央设一东西向通道，菌袋按南北方向叠放成墙式，排放于（东西）中央过道两侧。一般每100平方米可放置5 000千克干料的出菇菌袋。

3. 培养料准备

海鲜菇属木腐型食用菌，可广泛利用棉籽壳、棉秆屑、玉米芯、玉米秸秆、木屑等为培养料，其中以棉籽壳利用最广泛，其生物转化率可达70%~100%；玉米秸秆栽培的生物转化率为70%~80%；玉米芯转化率65%左右。原料要求新鲜，无霉变。陈旧的原料需经发酵处理后再利用。

4. 制袋与发菌管理

生料栽培的菌袋多采用22厘米 ×（45~48）厘米低压聚乙烯袋。培养料采用新鲜无霉变的棉籽壳加入3%石灰，按料水比为1 ：（1.3~1.4）拌匀后堆闷1~2小时，用手紧握培养料，指缝中有水痕渗出为宜。按4层菌种3层料装袋，每袋装湿料2.5千克左右，混种量15%左右。发菌最好选择在室外树荫下，场地要求干净，无杂草，远离禽畜舍，地面撒上石灰。根据气温高低决定排列层次，通常4~6层。低温时，适当增加层数，20℃以上时适当减少堆层，以利通风散热。各层菌袋之间以两根平行细竹竿隔开，以利通气，防高温烧菌。菌袋堆墙二列为一组，每列菌袋墙间隔10~15厘米。每3~6天翻堆1次，袋内温度控制在20~26℃为宜，通常20~30天菌丝可长满菌袋。

熟料栽培菌袋多采用17厘米 ×33厘米聚丙烯袋。培养料配方。

①棉籽壳92%，麸皮5%，钙镁磷肥料2%，石膏1%。

②棉籽壳72%，木屑20%，麸皮5%，钙镁磷肥料2%，石膏1%。

③木屑78%，麸皮20%，糖1%，石膏1%。

每袋装干料500克左右，在1.47×10^5帕压力下灭菌2小时。冷却、接种后置于菇棚内堆成墙式避光培养，每3~6天翻堆1次，并及时处理污染菌袋，温度控制在20~27℃，保持棚内空气新鲜，空气相对湿度不超过70%。

5. 出菇管理

室外发菌的菌袋，当菌丝发透2~3天后，移入菇棚内，墙式堆放，高4~6层，将袋口打开，喷水降温加湿，并给予温差刺激。子实体分化生长温度为10~20℃，以15~17℃为最适，空气相对湿度保持85%~95%。温差较大时，子实体分化快，出菇整齐。根据子实体生长情况调整通风量，不良通风易长畸形菇，光照以100~200勒克斯为宜。在上述管理条件下，5~7天袋口产生黄水，这标志着即将出菇。菇体长至符合标准时应及时采收。每次采收后将料面清理干净，重复进行出菇管理，菇潮间隔10~15

天，一般可采收3~5潮菇。每1 000克干料的菌袋1~3潮菇鲜菇量分别可达600克、250克、150克。第三潮菇时，需用补水器向袋内补水。

6. 采收与加工

当菇盖直径达到2~4厘米，柄长3~5厘米时及时采收。采摘时既不使培养料成块带起，又使菇柄完整，不留柄蒂。菇棚内温度较低时每天采收一次，较高时早晚各采收一次。采下鲜菇用小刀切去根蒂，分级、加工。

盐渍加工，将分选过的海鲜菇放入开水中煮沸3~5分钟，捞出放入冷水中冷却。菇体下沉后捞出（不下沉可再煮），放入缸或池中腌制。菇水比1∶1，保持盐度20波美度，经15天可出售。

第三节　杏鲍菇栽培技术

一、概　述

杏鲍菇（拉丁学名 *Pleurotus eryngii* ），隶属伞菌目、侧耳科、侧耳属，又称为刺芹侧耳、杏仁鲍鱼菇。现在人工栽培分布广。杏鲍菇菌肉肥厚，质地脆嫩，特别是菌柄组织致密、结实、乳白，可全部食用，且菌柄比菌盖更脆滑、爽口，被称为“平菇王”“干贝菇”，具有令人愉快的杏仁香味和鲍鱼般的口感，适合保鲜、加工。经常食用对预防和治疗胃溃疡、肝炎、心血管病、糖尿病有一定作用，并能提高人体免疫力，是人们理想的营养保健品，备受消费者欢迎（如图 3-4）。

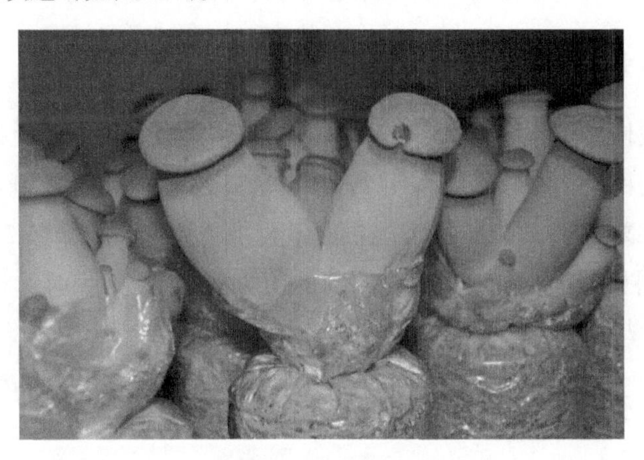

图 3-4　杏鲍菇

二、栽培技术

（一）栽培季节

杏鲍菇菌丝生长温度以 25℃左右为宜，出菇温度为 0~18℃，子实体生长适宜温度为15~20℃。因此要因地制宜确定栽培时间，山区可在7~8月制袋，9~10月出菇；平原地区9月以后制袋，11月以后出菇。根据杏鲍菇的适宜生长温度，在北方地区以秋末初冬，春末夏初栽培较为适宜，南方地区一般安排在10月下旬进行栽培更为适宜。

（二）培养料配方

杏鲍菇栽培培养料以棉籽壳、蔗渣、木屑、黄豆秆、麦秆、玉米秆等为主要原料。栽培辅料有细米糠、麸皮、棉籽粉、黄豆粉、玉米粉、石膏、碳酸钙、糖。生产上常用培养料配方有以下几种。

①木屑73%，麸皮25%，糖1%，碳酸钙1%。

②棉籽皮90%，麸皮10%，玉米粉4%，磷肥2%，石灰2%，尿素0.2%。

③棉籽皮50%，木屑30%，麸皮10%，玉米粉2%，石灰1.5%。

④玉米芯60%，麸皮18%，木屑20%，石膏2%，石灰适量。

⑤木屑60%，麸皮18%，玉米芯20%，石膏2%，石灰适量。

（三）栽培袋制作

制作栽培袋过程与金针菇等相同。注意原料必须过筛以免把塑料袋扎破，影响制种成功率，一般选用17厘米 ×33厘米、厚0.03毫米的高密度低压聚乙烯塑料折角袋，每袋湿料质量为1千克左右，料高20厘米，塑料袋内装料松紧要适中。常压蒸汽100℃灭菌维持16小时。料温下降到60℃出锅冷却，30℃以下开始接种。

（四）杏鲍菇的栽培方式

有袋栽和瓶栽，生产上主要采用塑料袋栽。现简介如下。

1. 发菌管理

将接好种的菌袋整齐地摆放在提前打扫洁净的培养室里，温度调到25℃左右培养。有条件的还可在培养室里安装负离子发生器，对空气消毒，并结合细洒水给发菌室增氧。一般情况下接种5天以后菌种开始萌发吃料，需要进行翻袋检查。通过检查调换袋子位置有利于菌丝均衡生长，对未萌发袋和长有杂菌的菌袋小心搬出处理。

2. 出菇管理

菌丝长满袋即可置于栽培室取掉盖体和套环，把塑料袋翻转，在培养料表面喷水保湿，以开口出菇；也可待菌丝培养至40天后见到菇蕾时开袋出菇，催蕾时要特别注意保持湿度。

（1）温度的调控

杏鲍菇原基分化和子实体生育的温度略有差别，原基分化的温度应低于子实体生育的温度，温度应控制在12~20℃。高湿条件下温度控制在18℃以下，当温度超过25℃，要采取降温措施，如通风、喷水、散堆等。

（2）湿度的调控

湿度要先高后低地调节。前期催蕾时相对湿度保持在90%左右；在子实体发育期间和接近采收时，湿度可控制在85%左右，有利于栽培成功和延长子实体的货架寿命。同时采用向空中喷雾及浇湿地面的方法，严禁把水喷到菇体上，避免引起子实体发黄，发生腐烂。

（3）光线与空气调节

子实体发生和发育阶段均需散射光，以500~1 000勒克斯为宜，不要让光线直接照射。子实体发育阶段还需加大通风量，雨天时，空气相对湿度大，房间注意通风。当气温上升到18℃以上时，在降低温度的同时，必须增加通风，避免高温高湿引起子实体变质。

（4）病虫害防治

低温时，病虫害不易发生，气温升高时，子实体容易发生细菌、木霉及菇蝇等虫害，加强通风和进行湿度调控可预防病虫害的发生。

3. 采　收

当菌盖平展、孢子尚未弹射时为采收适期，采收第一批菇后，相隔15天左右，还可采收第二批菇，但产量主要集中在第一批菇。采收时，一手按住子实体基部培养料，一手握子实体下部左右旋转轻轻摘下或使用小刀于子实体基部料面处切下，不能拉动其他幼菇和培养料。采收后及时分级包装、上市鲜销。

第四节　平菇栽培技术

平菇（拉丁学名 *Pleurotus ostreatus*），这一拉丁名中文学名糙皮侧耳，肉质肥嫩，味道鲜美，营养丰富，是一种高蛋白、低脂肪的菌类，含有 18 种氨基酸、多种维生素和矿物质，其中含有 8 种人体必需的氨基酸。平菇还含有一种多糖，对癌细胞有较强的抑制作用。因此，经常食用平菇不仅有改善人体新陈代谢、增强体质和调节植物神经的功能，而且对减少人体内的胆固醇、降低血压和防治肝炎等有明显的效果，是理想的营养食品（图 3-5）。

图 3-5　平　菇

目前各地普遍栽培的平菇大多为糙皮侧耳。人工栽培起源于德国，始于 1900 年。20 世纪初，欧洲的一些国家和日本开始用锯木屑栽培平菇获得成功。目前，世界上生产面积较大的家，除中国和韩国外，还有德国、意大利、法国和泰国等。在日本，平菇已进行工厂化生产。

我国栽培平菇始于 20 世纪 40 年代，1972 年由河南省刘纯业用棉籽壳生料栽培成功后，栽培生产迅速发展。棉籽壳在平菇栽培中的成功利用，是食用菌栽培技术的重大突破和改进。近年来，由于各种代料的成功利用，使平菇生产得到迅速发展。

平菇过去采用段木栽培，但目前主要采用代料栽培。代料栽培是指利用农业、林业、工业生产的下脚料（如木屑、棉壳、稻草、废棉、酒糟等）为主要物质，再加入一定的辅助原料配制成培养料，用来代替传统的段木栽培。

各种食用菌代料栽培的作用是可以广开培养料来源，综合利用农、林业的副产品和下脚料，把不能直接食用、经济价值低的纤维性材料经食用菌利用其生长变成营养价值高的食品，这样不但节约了原材料，充分利用了资源，变废为宝，也解决了食用菌栽培与山林抚育之间的矛盾，从而有效地扩大栽培区域，加速食用菌生产的发展。

代料栽培依其对培养料的处理情况，可分为熟料栽培、发酵料栽培和生料栽培 3 种方式。依据栽培的容器可分为瓶栽、袋栽、压块栽培、箱栽、大床栽培。依栽培场地可分为室外栽培和室内栽培。室外栽培可分为阳畦栽培、地沟栽培、露地栽培、树荫栽培等。虽然平菇的栽培方式多种多样，但是它们之间有一定联系，只要掌握了一种方法，其他方法便可触类旁通。

袋栽是袋式栽培的简称，又称太空包栽培。它是指在耐热料袋中栽培食用菌的方法，也是木腐型食用菌代料栽培的主要方法。

袋栽平菇的优点：一是有利于控制杂菌和害虫的为害，成功率高；二是充分利用空间，占地面积小（15~18 平方米的培养室可培养 1 500~2 000 袋）；三是生产周期缩短，采用堆积发菌，增高料温，加快发菌，缩短菌丝生长期；四是便于移动管理，可充分利用场地；五是有利于控制温度，保持湿度，出菇整齐，菇形好，产量稳定。

一、平菇的熟料袋栽

熟料袋栽是指培养料配制装袋后先经高温灭菌，再进行播种和发菌的方法。熟料栽培的突出优势是菌丝长势快，杂菌污染少，产量较高，可周年进行栽培，它是大规模工厂生产采用的栽培方式。

平菇熟料袋栽工艺流程：菌种制备→栽培季节的确定→原料准备→培

养料配制→装袋→灭菌→接种→菌丝体培养→出菇管理→采收。

1. 培养料配方

①玉米芯 61%，木屑 27%，麸皮 5%，玉米面 3.5%，磷酸二铵 0.5%，石灰 3%。

②玉米芯 96%，磷酸二铵 1%，石灰 3%。

③玉米芯 89%，磷酸二铵 1%，玉米面 6%，石灰 4%。

④玉米芯 86%，磷酸二铵 1%，玉米面 5%，麸皮 5%，石灰 3%。

⑤棉籽壳 47%，玉米芯 48%，磷酸二铵 1%，石灰 4%。

⑥棉籽壳 96%，磷酸二铵 1%，石灰 3%。

⑦棉籽壳 43%，木屑 43%，麸皮 10%，磷酸二铵 1%，石灰 3%。

上述配方中，可加入 0.2% 的多菌灵，如场地污染严重的也可用 0.1% 的克霉灵（美帕曲星）替代多菌灵，防霉效果更好。

2. 配制方法

按配方比例称取各物质，将主料与不溶性的辅料先混匀，再将磷酸二铵等可溶性辅料溶解于水中制成母液，分批洒入培养料中，充分搅拌，力求均匀。配制好的培养基用手紧握时，手指间有水溢出而不滴下为宜，即含水率为 60% 左右。准确测定料堆含水率并非易事，需经长期实践才能掌握。为了防止培养料过湿，应缓慢加水，逐渐调湿。配好料后堆闷发酵 5 天左右，即可装料。

3. 装　袋

塑料袋可选用 23 厘米 ×40 厘米 ×0.05 毫米的聚乙烯袋筒，手工装袋要边装料边振动塑料袋，把料压紧压实，做到外紧内松，使料和袋紧实无空隙，用橡皮圈或绳扎紧。

装袋注意事项如下。

①装袋前把培养料再充分翻拌一次，以免上部料干、下部料湿。

②松紧适合，用力均匀，勿过松或过紧，压得过松，菌筒难成形，菌丝生长散而无力，在堆放时容易断裂损伤，影响出菇和产量，而压得过紧、透气不良，菌丝长势弱，生长速度慢，且灭菌时袋筒容易膨胀破裂，装袋的松紧度以手按有弹性、手压有轻度凹陷、手托挺直为宜。

③轻拿轻放，避免人为弄破袋子。

④为了减少灭菌前微生物大量繁殖，配好料后，尽可能在一天内结束装袋，尤其是在气温高时，以防培养料发酵变质。

4. 灭　菌

用简易常压灭菌包灭菌时，待料袋中心温度升至100℃开始计时，保持12~14小时，再闷12小时。高压灭菌，装锅时要留有一定的空隙或者呈“井”字形摆放在灭菌锅里，这样便于空气流通，灭菌时不易出现死角。按常规要求灭菌。一般要求灭菌压强为1.4~1.5千克/平方厘米，温度为128℃，时间为1.5~2.0小时。

出锅前先把冷却室或接种室进行空间消毒。把刚出锅的热料袋运到消过毒的冷却室里或接种室内冷却，待料袋温度降到8℃以下时才能接种。

5. 接　种

（1）菌种瓶（袋）的预处理

菌种培养期间瓶肩（袋口处）必然黏附大量尘埃颗粒和杂菌。为了减少接种过程中杂菌飞扬、扩散，可将菌种瓶（袋）放在0.2%~0.3%高锰酸钾溶液中浸泡1~2分钟。接种前将料袋、栽培种及各种接种用具一起放入接种室，熏蒸或喷雾消毒。

（2）接种方法

接种时用灭菌镊子将菌种搅成玉米粒般大小的碎块，两人操作，1人持菌种袋（瓶），1人持料袋。在酒精灯火焰无菌区内，打开料袋，迅速将菌种均匀地撒在袋料表面，形成一薄层。然后将袋口套上塑料环，将塑料袋口翻下，再在环上盖上牛皮纸或报纸，用橡皮筋箍好即可。按此方法，完成另一端的接种，并封好袋口。操作时动作要快，防止杂菌污染。熟料栽培用种量一般为培养料干料重的5%~8%。

6. 发菌管理

将发菌场所熏蒸消毒，密闭24小时就可以将菌袋搬入进行发菌管理。合理排放菌袋，适时进行倒袋翻堆和通风，控制好发菌温度，发菌场所尽量保持黑暗。菌袋的排放形式一定要与环境温度变化紧密配合，菌袋采用单排堆叠的方式排放，菌袋排放在地面上，也可搭床排放，以充分利用空间。堆放层数及排与排之间的距离视气温而定，气温低时，菌袋可堆6~8层，排距20厘米左右；气温高时，堆放3~4层，排距50厘米左右，菌袋采用“井”字形摆放，以4~6层为宜，当气温升高至28℃以上，以2~4层为好，同时要加强通风换气。正常情况下，每隔7~10天要倒袋翻堆一次，以调节袋内温度与袋料湿度，改善袋内水分分布状况和透气状况，促使菌丝生长一致，经过30天左右，菌丝即可长满袋。

7. 出菇管理

当袋筒内菌丝长好后立即搬到出菇室进行出菇。出菇室要求清洁卫生、通风透光、保温、保湿性能好。出菇室的地面以水泥地面或砖面为好。

8. 采　收

子实体成熟后要及时采收，第一潮菇采收后，要将残留的菌柄、碎菇、死菇清理干净，停止喷水2~3天，让菌袋中的菌丝积累养分，然后再喷水促使第二潮菇原基形成，整个生产周期可收获三潮菇。

二、平菇的生料袋栽

生料袋栽是指培养料不灭菌，采用拌药消毒装袋栽培食用菌的方法。生料栽培的优点：操作简单、不需特别设备、投资少、耗能少、方法简便、见效快、便于推广。

平菇生料袋栽工艺流程：菌种制备→栽培季节的确定→原料准备→培养料配制→装袋与接种→菌丝体培养→出菇管理→采收。

播种前50天左右可以开始制原种。播种前30天左右可以开始制栽培种。

1. 培养料配方

①玉米芯78%，玉米面（或麦麸）20%，石灰2%，多菌灵0.1%。

②玉米芯40%，豆秸40%，玉米面18%，石灰2%，多菌灵0.1%。

③木屑78%，米糠（或玉米面）20%，石灰2%，多菌灵0.1%。

④棉籽壳99%，石灰1%，多菌灵0.1%。

以上配方，可根据当地原料资源情况选用。配料时如气温低，配方中可加入0.1%多菌灵（50%浓度）。气温高时，配方中应加入0.2%多菌灵，石灰添加量可增加为3%，以防杂菌感染。

2. 配制方法

按上述配方比例称料混合，石灰、多菌灵先用少量水溶化与料拌匀，再加适量水混合均匀，含水率为60%左右，不可过多。含水率检查：抓一把培养料握紧，以指缝有水渍但不滴下为宜。然后用pH试纸检查培养料的酸碱度，再用石灰调整pH值为8左右，待料拌匀吃透水后，即可进行生料栽培。

3. 装袋与接种

采用生料袋栽，可选用17厘米 ×35厘米的短袋塑料筒膜栽培。具体方法：先用线绳把袋的一端扎好，袋内先装一层5厘米左右厚的培养料，用手按实，铺一薄层菌种后，再装料，共数层，装至离袋口5~6厘米时，停止装料，用手轻轻压平表面，然后把袋口扎好。接种量为12%~15%。接种过程按无菌操作进行。

4. 发菌管理

（1）培养室的消毒

接种后的栽培袋可搬运到菇棚内发菌，亦可采用露地发菌。菇棚使用前要清理干净，熏蒸消毒，密闭24小时，就可以将菌袋搬入进行发菌管理。

（2）栽培袋的摆放

栽培袋可直接摆放在地面上，也可摆放在室内床架上，根据气温决定菌袋袋层高度。0~5℃时可堆放菌墙4~6层，5~10℃时可堆放3~4层，10~15℃时可堆放2层，15℃以上时一般不堆放。

（3）温度调控

在生料栽培过程中，菌丝生长阶段对温度的要求非常严格。因此，正确掌握适宜的发菌温度是保证平菇生料栽培成功的关键。生料栽培在菌丝生长过程中会产生较多热量。在低温季节，这些热量对菌丝生长很有益处，但在高温季节装袋发菌，或在低温季节为保温、升温而采取码袋发菌时，袋内热量得不到散发，会导致“烧菌”。烧菌发生区域的基料上不会再有平菇菌丝生长，严重时整垛烧菌，损失惨重。一般播种后两天料温开始上升，每天要注意料温变化，当料温上升到28℃时要立即采取降温措施，如打开门窗、进行倒堆、适当减少摆放层数。

在较低的室温（15℃左右）条件下培养，能显著降低污染率。袋筒培养一段时间应进行翻袋，目的在于让菌袋各部位发菌一致，并在翻袋的同时挑出污染袋，经20~30天菌丝可长满全袋。

5. 出菇管理

当袋筒内菌丝长好后应立即搬到出菇室进行出菇。出菇室要求清洁卫生、通风透光、保温、保湿性能好。出菇室的地面以水泥地面或砖面为好。

（1）原基形成期

光线和变温刺激有助于原基分化，此时菇房应有散射光照射，菇房温度以10~15℃为宜。菌袋在这样的条件下再继续培养3~7天，菌丝开始扭结形成原基（菌袋两端出现米粒状扭结物）。此时，应将袋筒两端透气塞拔掉，使袋筒通风换气，向室内空间喷雾状水，保持室内空气相对湿度为80%~85%。

（2）菇蕾形成期

原基得到空气和水分后生长很快，形成黄豆粒大小的菇蕾，这时应将袋筒两端多余的袋边卷起，使菇蕾和两端的栽培料露出袋筒。菇蕾形成之后，除需要光照外，菇房温度还应稳定，这样有利于菇蕾的生长发育，一般保持在15~16℃。菇房内的空气相对湿度应为80%~85%，要给予适当的通风，否则菇蕾会因缺氧而不能正常生长发育，通风应在喷水之后进行，以免菇蕾因通风而失水干缩，甚至死亡。

（3）子实体生长期

菇蕾在适宜的条件下，迅速形成长大。此时对氧气和水分的需求量很大，因此应加大菇房的通风，提高菇房内的空气相对湿度。一般采用增加通风次数、延长通风时间的方法来增加菇房内的氧气，排出二氧化碳。子实体生长时期菇房空气相对湿度要求在85%~90%，达不到时应在菇房喷雾状水。喷水次数应根据当时外界的天气情况和菇房湿度的大小而定。喷水的原则是勤喷少喷，每天喷水两三次，每次喷水后，通风30分钟左右，并增加光照。总之，子实体生长时期的管理关键是要协调好通风、湿度、温度及光照之间的关系。

经过30天左右菌丝即可长满袋，当部分菌袋出现子实体原基时，表明菌丝已经成熟，当料面出现小菇蕾时解开菌袋扎口，进入出菇管理。其出菇管理要点如下。

①拉大温差刺激出菇，菌丝长满再继续培养 1 周左右时间，加大温差（8℃左右）。

②加强水分管理，子实体分化期，保持空气相对湿度在 80%~85%，子实体生长期使空气相对湿度保持在 85%~90%。

③加强通风换气，随菇体的长大加强通气条件。

④增强光照，散射光为好。

6. 采　收

在适宜条件下，从子实体原基开始生长，7~10 天便可采收平菇。子实体成熟后要及时采收，采收标准应根据商品的需求而定，如盐渍平菇，菌盖长至 3~5 厘米时即采收，而鲜售时可适当大些。第一潮菇采收后，要将残留的菌柄、碎菇、死菇清理干净，停止喷水 2~3 天，让菌袋中的菌丝积累养分，然后再喷水促使第二潮菇原基形成，采完二潮菇后一般菌袋会发生失水应补水。整个生产周期可收获三潮菇。

7. 注意事项

生料栽培最关键的环节就是发菌，而影响发菌的最主要因素就是温度，其次是通风换气。

①发菌初期还应及时翻堆，以防料温升高过快、过高烧死菌种或引起杂菌污染。

②生料栽培时，一定要低温发菌，而不要在 20℃以上发菌，这样做有利于防止杂菌污染。一般料温比较稳定时，才可堆放较高的菌墙。翻堆的次数应根据菌袋堆放的层数和环境的温度而定。一般情况下，发菌初期翻堆比较勤，每两天翻一次，十几天后，则每隔 5~6 天翻一次。一般 22~30 天就可长满菌袋。温度太低时，发菌时间稍延长些。

③生料发菌时还要注意一个问题，就是通风换气。随着菌丝的快速生长，应不断加强通风换气，并在避光条件下培养。

在同样的环境发菌时，一般生料栽培的菌袋比熟料栽培的菌袋要快一些，特别是在低温下要快得多。因为生料栽培时，种量大且培养料能发酵升温。因此，在大规模生产时温度低的季节才用生料栽培，而在温度高的季节采用熟料栽培。

三、平菇的发酵料袋栽

发酵料袋栽也叫半熟料袋式栽培，是指培养料不经高温灭菌，而靠堆积发酵，用巴氏消毒法杀死其中大部分不耐高温的杂菌和害虫后，再进行栽培的方法。在培养料堆积发酵过程中，控制温度由低到高，诱使杂菌的孢子大量萌发形成菌丝体，然后再利用发酵逐渐升高温度杀死杂菌的营养体，由此达到控制杂菌种群数量的目的。发酵料栽培平菇具有栽培工艺简单、投资少、杂菌污染率低的特点。

平菇发酵料袋栽工艺流程：原料准备→培养料配制→堆料发酵→装袋与接种菌丝体培养→出菇管理→采收。

1. 培养料配方

①玉米芯 79.5%，麦麸 16%，石灰 3%，石膏 1.5%。

②玉米芯 81%，玉米粉 8%，麦麸 6.5%，石灰 3%，石膏 1.5%。

③玉米芯 46%，棉籽壳 49%，玉米粉 2.4%，磷酸二铵 6%，石灰 2%。

④棉籽壳 97.4%，磷酸二铵 0.6%，石灰 2%。

2. 配制方法

按配方比例称料混合，石灰、多菌灵先用少量水溶化与料拌匀，再加适量水混合均匀，含水率为 60% 左右，不可过多。含水率检查：抓一把培养料握紧，以指缝有水渍但不滴下为宜，然后用 pH 试纸检查培养料的酸碱度，再用石灰调整 pH 值为 8 左右，待料拌匀吃透水后即可。

3. 堆料发酵

培养料的堆积发酵具体步骤包括预湿、建堆、翻堆、质量检查。

（1）建　堆

按培养料的配方将各种原料混合均匀，加水预湿，调好水分后建堆，料堆高 1 米，宽 1.5~2 米，长不限定。四边宜陡，做好堆后，将四周轻拍，然后用较粗的木棒在堆上插一些竖直气孔，直通堆底，可改善堆内通气。为防日晒雨淋，在料堆的顶上覆盖草帘，如覆盖薄膜应定时掀开，以利通风换气。

（2）翻　堆

建堆后，一般在 2~3 天堆内温度迅速上升到 55℃以上，甚至可高达

65℃。原则上堆内的温度必须在60℃以上保持6~8小时才可翻堆。翻堆时，从堆的横断面上可看到大量的雪花状白色放线菌，这些放线菌起着提高温度、降解培养基质的作用。共翻堆1~2次，为了使整个料堆都能在有氧状态下发酵均匀，翻堆时要认真仔细，将堆外层和堆内层拌和均匀后，与堆中间层调换位置。每次翻堆后，由于补充了氧气，料温会再次上升，杀死堆中的杂菌和害虫，少数害虫会爬出停留在堆的表面，可用800倍液敌敌畏喷洒堆的表面，并立即覆盖上薄膜，熏闷12小时再拆堆。发酵后的培养料降低了病虫害的发生率，为平菇的生长创造良好条件。

（3）堆料的质量检查

发酵良好的培养料呈黄褐色或深褐色，遍布适量白色粉状嗜热放线菌菌丝，具有特殊香味，含水率适中，手感料软松散，不发酸、不发臭、不发黏。如出现白化现象，软腐变黑，有刺鼻臭味、霉味，则不能用于栽培平菇。

发酵结束后播种前散堆降温，并用石灰粉调整pH值至8~10。

4. 装袋和播种

发酵料栽培平菇大多采用三层菌种两层料的播种方式。将袋口一头扎好，放一层菌种，装入培养料到中间再播一层菌种，再装另一半培养料，然后表面播一层菌种即可。

5. 发菌与出菇

一般在低温下发菌，环境温度不超过24℃，能有效地控制杂菌生长。发菌期间每隔7天左右翻一次堆，使菌袋温度均匀，菌丝生长整齐。第一次翻堆时一般在接种部位用针刺孔，以利透气。发菌期间还要经常检查。在整个养菌过程中，早晚要各通风换气1小时。

一般在接种后30天左右，菌丝即可长满菌袋，当料面出现原基，表明菌丝已经生理成熟，就可将菌袋搬入栽培场地进行出菇管理。

6. 采收和后期管理

发酵料袋栽平菇的采收和后期管理与熟料袋栽、生料袋栽基本相同。

7. 注意事项

①发酵料栽培的原料未进行灭菌处理，只是在发酵过程中抑制和杀灭

了部分有害的微生物。因此，栽培期要避开高温季节以控制杂菌的生长繁殖速度。宜在秋末到早春进行栽培，以秋末栽培为最好。一般秋季南方在11月、北方在9月中旬后，春季在2月初开始栽培。

②搞好培养料的堆积发酵，是防止杂菌污染的一个有效措施。但培养料在堆积发酵过程中，由于料堆的深浅度不同，各层的温度也不一致。另外，在操作中翻料不均匀，处于低温层的杂菌未被杀死，接种后会大量繁殖，为害菇的生长。如果将发酵后的培养料用高温再灭菌2~3小时，效果会更好。环境温度也是影响发酵的一个重要因素，直接关系到堆温的上升。在低温季节培养料发酵，气温低，堆温不易升高，达不到巴氏消毒的效果，应采取其他的消毒方法抑制杂菌的生长。因此，培养料在发酵时，应注意两个问题：一是升温要快，温度要高；二是翻堆时要将料里翻外、外翻里，避免发酵不均匀或夹带生料，必须保证发酵的质量。

第五节 双孢蘑菇栽培技术

双孢蘑菇（拉丁学名 *Agaricus bisporus*），又称白蘑菇、蘑菇、洋蘑菇，是世界上商业化栽培规模最大、普及地区最广、生产量最多的食用菌。目前，全世界有 80 多个国家和地区栽培双孢蘑菇。双孢蘑菇的人工栽培始于法国，距今约 300 年。国外的双孢蘑菇生产，如法国、荷兰和美国等主要是工厂化栽培，一次性投资大、产量高、质量好。我国人工栽培双孢蘑菇起步较晚，20 世纪 30 年代在上海等大城市只有少量人工栽培。现在双孢蘑菇栽培已遍及全国，我国现阶段主要是利用废房屋、室外空地等进行棚架式栽培，以手工操作为主，虽然成本较低，但产量不高（图 3-6）。

图 3-6 双孢蘑菇

双孢蘑菇栽培多采用室内床栽，也可采用室外畦地栽培。随着生产工艺的不断提高，培养料日趋丰富，双孢蘑菇产量不断提高。室内层架式栽培是最常见的栽培方式，近半个世纪以来，已积累了较成熟的经验。此外，露地畦床栽培、塑料大棚栽培的栽培方式也被普遍采用。不论采用何种栽培方式，都由双孢蘑菇生物学特性所决定，其技术要求都有共同之处，区别在于环境变化，以及管理措施上的要求不同。

双孢蘑菇是典型的腐生真菌，通常生长在腐熟的粪草有机质上，因此又被称为草腐菌或草生菌。但严格地说，它不是草生菌而是粪生菌，畜粪的含量和质量是决定双孢蘑菇产量至关重要的因素。蘑菇培养料的重要构成是畜粪和草料，培养料必须有足够的数量和良好的质量。

双孢蘑菇一般多采用二次发酵料进行栽培。培养料的二次发酵，即通过菇房外的前发酵和菇床上的后发酵两个阶段，完成培养料的发酵腐熟。所谓前发酵，也叫堆料，或称第一次发酵，发酵时间一般为20天左右。前发酵的作用是利用好热性微生物繁殖活动产生的高温杀死虫卵和杂菌，并使料中复杂的大分子物质转化为简单的、易被双孢蘑菇菌丝吸收的小分子化合物。培养料的第二次发酵就是将前发酵结束的培养料趁热搬进菇房内，上架堆积发酵。培养料通过第二次发酵，由于高温型放线菌等有益微生物的充分繁殖，可形成大量菌体蛋白及各种维生素和氨基酸，供菌丝吸收利用，能杀灭有害微生物和残存在培养料中的幼虫和虫卵，减少病虫害。后发酵结束后的培养料呈暗褐色，有大量白色嗜热真菌和放线菌，培养料柔软、富有弹性、易拉断、有特殊的香味，无氨味。

一、培养料配方

现将国内外常用配方介绍如下，供参考。

1. 国内常用配方

①稻草500千克，牛粪500千克，饼肥20~25千克，尿素3.5千克，硫酸铵7千克，过磷酸钙15千克，碳酸钙15千克。

②稻草1000千克，豆饼粉15千克，尿素3千克，硫酸铵10千克，过磷酸钙18千克，碳酸钙20千克。

③稻草1750千克，大麦草750千克，猪粪（干）1000千克，菜籽粉150千克，石膏粉75千克，过磷酸钙37.5千克，石灰10~15千克。

④麦草500千克，马粪500千克，饼肥20千克，尿素10千克，过磷酸钙15千克，石膏粉15千克。

2. 国外常用配方

①美国配方：小麦秸秆450千克，尿素45千克，血粉18.16千克，碳酸钙9千克，过磷酸钙18.16千克，马厩肥227千克。

②荷兰配方：马厩肥1 000千克，碳酸钙5千克，尿素3.5千克、石膏粉25千克，麦芽16千克，硫酸铵7千克，棉籽饼粉10千克。

二、建堆发酵

1. 原料预处理

将稻草或麦秸切成10~25厘米长的段，用0.5%石灰水浸湿预堆2~3天，软化秸秆；粉碎干粪，浇水预湿5天；粉碎饼肥浇水预湿1~2天，同时拌0.5%敌敌畏，盖膜熏杀害虫。

2. 建　堆

建堆时以先草后粪的顺序层层加高。按宽2米、高1.5米的规格，堆长根据场所而定。肥料大部分在建堆时加入。加水原则：下层少喷，上层多喷，建好堆后有少量水外渗为宜。晴天用草被覆盖，雨天用薄膜覆盖，防止雨水淋入，雨后及时揭膜通气。

3. 翻　堆

翻堆宜在堆温达到最高后开始下降时进行。一般每隔5天、4天、3天翻一次堆，翻堆时视堆料干湿度，酌情加水。第一次翻堆时将所添加的肥料全部加入。测试温度时用长柄温度计插入料堆的好氧发酵区。发酵后的培养料标准应当是秸秆扁平、柔软、呈咖啡色，手拉草即断。

三、后发酵

将发酵好的培养料搬入已消毒的菇房，分别堆在中层菇床上。通过加温，使菇房内的温度尽快上升至57~60℃，维持6~8小时，随后通风，降温至48~52℃，维持4~6天，进行后发酵（二次发酵），其目的是利用高温进一步分解培养料中的复杂有机物和杀死培养料中的虫卵及杂菌、病菌的孢子。后发酵结束后的培养料呈暗褐色，有大量白色嗜热真菌和放线菌，培养料柔软、富有弹性、易拉断、有特殊的香味，无氨味。

四、接　种

将培养料均匀地铺在每个菇床上，用木板拍平、压实。接种人员的手及工具应消毒。将菌种放入消毒的盆中，掰成颗粒状。播种方法可采用层播、混播和穴播。每平方米用种量为 1 份麦粒种、3 份粪草种。在最上面覆盖一薄层培养料，整平、稍压实，上覆一薄膜或一层报纸即可。

五、发菌管理

播种后，菇房温度应控制在 20~24℃，若有氨味应立即通风，湿热天气多通风，干冷天气少通风。经 10~15 天，菌丝可长满料面。

六、覆　土

在播种后 15 天左右进行覆土。选近中性或偏碱性的腐殖质土为宜。先将土粒破碎，筛成粗土粒（蚕豆大小）和细土粒（黄豆大小），浸吸 2% 石灰水，并用 5% 甲醛消毒处理。先覆粗土，后覆细土，覆土总厚度为 2.5~3 厘米，有的不分粗细土。覆土后要调节水分，使土层保持适宜的含水率，以利菌丝尽快爬上土层。调水量随品种、气候等因素而定，通常每天喷水 2 次，每平方米每次喷水 150~300 毫升，掌握少喷、勤喷的原则。

七、出菇管理

出菇管理是蘑菇栽培的关键时期。此时的主要任务是调节好水分、温度、通气的关系，特别是喷水管理，关系到蘑菇产量的高低和质量的优劣。常以晴天多喷，阴天少喷，高温早晚通气，中午关闭的原则进行管理。当菌丝长至土层 2/3 时喷洒“出菇水”，每平方米的喷水量每次可达 300~350 毫升，持续 2~3 天。当菇蕾长到黄豆粒大小时，应喷“保菇水”，再加大喷水量，持续 2 天。

八、采　收

蘑菇一般在现蕾后的 5~7 天，菌盖直径长到 2.5~4 厘米时采收。以“旋菇”的方法采下，削去菇脚后放入塑料盆里或垫薄膜的小篮内，轻拿轻放，勿碰伤菇体。采收后要注意填土补穴。依床温而定，每潮菇生长 8~10 天，间歇 5~8 天，可出第二潮菇，一般可出 6~8 潮。

第六节　猴头菇栽培技术

一、概　述

猴头菇（拉丁学名 *Hericium erinaceus*），又叫猴头菌，只因外形酷似猴头而得名。猴头菇是一种兼有食用和药用价值的名贵食用菌。其味道鲜美，清香可口，素有“山珍猴头、海味燕窝”之称。猴头菇人工栽培主要以代料袋栽或瓶栽形式进行。子实体常用作罐头加工和药物加工原料（图3-7）。

图 3-7　猴头菇

二、栽培技术

（一）工艺流程

备料→培养基配制→装袋（瓶）→灭菌→冷却接种→培养出菌管理→采收。

（二）子实体栽培技术要点

1. 培养基配方

①甘蔗渣 78%，麸皮 20%，糖 1%，石膏 1%。

②杂木屑 78%，麸皮（或米糠）20%，糖 1%，石膏 1%。

③棉籽壳 90%，麸皮 8%，糖 2%。

栽培猴头菇的原料除上述甘蔗渣、杂木屑和棉好壳外，还有稻草、麦秸、玉米芯、废纸等均可栽培。

2. 培养基制作与培养

猴头菇培养基制作方法，与其他食用菌培养基制作方法相似。先将各种原料混合均匀，然后装瓶（袋）。特别注意 pH 值一定偏酸性，因为 pH 值为 7.5 时猴头菇不能生长。装瓶时可装到瓶肩，以便子实体顺利长出。菌袋可大可小，大袋多开穴，小袋少开穴。进行灭菌时注意不让棉塞受潮。冷却至 30℃以下接种，接种时同香菇代料栽培一样注意防污染。培养室温度控制在 22℃左右，湿度 70%~75%，培养 30 天左右即可转入出菇管理。

3. 出菇管理

当菌丝长满菌袋（瓶）后，拔去菌瓶棉塞；菌袋依袋子大小确定开口数量，直径 17 厘米开口 3~4 个，口径 1 厘米；直径 12 厘米开口 2~3 个，口径 1 厘米。小口径菌袋亦可平放堆叠成行，让子实体由两端长出。菌瓶可以卧放堆叠 1 米高左右，由侧向长出子实体。这样可提高菇房利用率。当菌袋（瓶）内出现芽状原基时，增大通气量，降低温度（18~20℃），提高栽培房湿度（85%~90%），直到采收。

4. 采收加工

当子实体已长成刺状，并有少量白色粉状孢子产生时（通常是原基形成后 10~15 天），即可采收。采收时用小刀从子实体基部切下，不黏附培养基。太迟采收子实体纤维感增强，苦味更浓，这是孢子和老化菌丝的味道。采收后的培养基表面稍加搔菌，但不宜破坏培养基深处的菌丝体，否则第二批子实体较难长出。采收的子实体，根据不同用途进行加工，或送往制罐加工厂进行加工，或切片干制，或整个烘干，烘干温度掌握在

35~60℃。

（三）液体发酵的技术要点

液体发酵，是以获得制药物猴头菇丝体为目的所采取的生产方式，全过程应严格遵守无菌操作。

1. 培养基配方

①斜面试管培养基。麸皮 100 克，葡萄糖 20 克，煮沸分钟，去渣后，加蛋白胨 4 克，次磷酸钾 2 克、七水硫酸镁 1.5 克，维生素 $B_1$10 毫克，琼脂 20 克，水 1 000 毫升，pH 值自然。

②种子瓶培养基。基本同上，只是不加琼脂。

③种子罐培养基。葡萄糖 20 克，豆饼粉或玉米粉 100 克，蛋白胨或酵母浸膏 10 克，磷酸二氢钾 15 克，七水硫酸镁 75 克，水 10 升，pH 值自然。

④发酵罐培养基。将种子罐培养基中的葡萄糖换为 2% 的蔗糖，其他不变。

2. 发酵条件

按照猴头菇丝最适生长温度（24℃左右）控制培养条件。种子瓶培养 4~5 天，种子罐培养 3 天，各级菌种接种量均按 10%（V/V）左右逐级扩大。

3. 发酵终止标准

一般发酵结束时，液体为棕黄色，菌丝球每毫升 150 个以上，静止后澄清透明，菌丝开始自溶，pH 值为 5 左右，残糖量 0.2% 左右。

第七节　香菇栽培技术

香菇（拉丁学名 *Lentinula edodes*），属担子菌纲、伞菌目、口蘑科、香菇属，起源于我国，是世界第二大菇，也是我国久负盛名的珍贵食用菌。我国是最早栽培香菇的国家，距今有 800 多年的历史，经历了古代砍花栽培、近代段木接种栽培和现代袋料栽培 3 个阶段。中华人民共和国成立以后，栽培香菇的研究取得了重大进展。1958 年，上海科学院陈梅朋研究出纯菌种木屑栽培，进而有了孢子分离培育纯菌丝制纯菌种、纯菌种接种段木栽培法和木屑菌砖栽培法；1979 年，福建古田彭兆旺等人研究成功了塑料袋装木屑等代料栽培香菇新技术。从此，我国的香菇业迅速发展起来。目前我国已成为世界上香菇最大的生产国和出口国（图 3-8）。

图 3-8　香　菇

国内外香菇的栽培方法可分为两大类，即段木栽培和木屑代料栽培。段木栽培香菇因消耗大量木材而不利于环保，但段木栽培的香菇品质好，商品价值高；木屑代料栽培香菇生产周期短，产量高，但品质稍差些。木屑代料栽培在我国香菇生产中所占比例很大，也是今后香菇生产发展的主要方向。

香菇代料栽培就是利用某些含木质素、纤维素较多的农副产品，如木屑、棉籽壳、玉米芯等，代替树木作为原料，以塑料袋、玻璃瓶等为容器来栽培香菇的方法。

一、培养料配方

①木屑 78%，麸皮（或米糠）20%，蔗糖 1%，石膏粉 1%。

②棉籽壳 40%，木屑 38%，麸皮（或米糠）18%，玉米粉 2%，蔗糖 1%，石膏粉 1%。

③玉米芯 60%，木屑 20%，麸皮（或米糠）17%，蔗糖 1%，石膏粉 1%，过磷酸钙 1%。

④甘蔗渣 77%，麸皮（或米糠）20%，蔗糖 1%，石膏粉 1%，过磷酸钙 0.5%，磷酸二氢钾 0.3%，硫酸镁 0.2%。

以上各配方中的原材料必须新鲜，霉变或腐烂的原料不能使用。木屑要以硬质阔叶树种为好，最好是堆放 1 年以上的陈木屑、松木屑堆制发酵后晒干备用；棉籽壳用 1.5% 的石灰水浸泡 24 小时后，捞起沥干备用；玉米芯粉碎成玉米大小的颗粒备用。

二、拌料与装袋

各取一配方，按比例将培养料拌匀，含水率在 50%~55% 为宜。菌袋选用（15~17）厘米 ×（50~55）厘米规格的聚丙烯塑料袋。装袋时要求压实，同时要防止料袋漏洞、穿孔等，以防杂菌污染。捆扎时最好将袋口反折扎第二道。

三、灭菌与接种

为避免培养料变酸，装袋后要及时进行灭菌。常压灭菌的温度要求尽快升至 100℃，并维持 10~12 小时，再闷 10~12 小时，能彻底灭菌。当温度降至 70℃时，取出料袋置于接种室箱，待料温降至 30℃时，准备接种。接种时要严格无菌操作，用尖木棒在料袋两面打 2~3 个 2 厘米深的错位孔，接入菌种，再用灭菌的胶布或专用胶片封口。接种后也可以直接在料袋外加套一个灭菌的菌袋，扎上口，此方法能增氧，菌丝萌发快。

四、发菌与培菌

接种后，将菌袋及时移入培菌室，以“井”字形堆叠，袋堆约为 1 米高，利于散热。室温控制在 25℃左右，若温度达 30℃，则要全部打开门窗，让空气流通，并将菌袋摆稀，降低温度，以防烧菌。空气相对湿度在 70% 为宜。接种后的 3~4 天，菌块即可长出白色绒毛状菌丝。每隔 7~10 天要翻堆检查一次。当菌丝长至 8~10 厘米时，可适当加大通风量，以利菌丝生长。

五、脱袋与排场

香菇接种后，经适温培养 60 天左右，以达生理成熟，便可脱袋。菌丝成熟的时间长短，除环境条件外，也因香菇品种不同而异。脱袋的标志：袋壁四周的菌丝体膨胀、皱褶、隆起的肿块状态占整袋面积的 2/3；在接种周围出现微微的棕褐色，表明生理成熟，可将菌袋移至室内或室外脱袋排场。用刀片直向割破菌袋，取出菌筒斜立排放于菇架上，立即用薄膜覆盖以保温保湿。搭凉棚以防强光直射。

六、转色催蕾

排放的菌筒由于湿度增大、光照增强，菌筒的表面长出一层浓白色绒毛状菌丝，倒伏成菌膜，分泌色素，渐变成棕红色。满足转色的生态条件是香菇增产的重要环节，主要措施是拉大昼夜的温差、湿差，变温催蕾，同时要处理黄水。

七、出菇管理

经催蕾后的菌筒龟裂花斑，孕育着大量香菇原基。此时的主要管理措施是调节菇棚的湿度、通气及光照，使菇蕾顺利地发育成子实体。

八、采　收

一般以菌盖开七八分、菌盖边缘仍内卷，菌褶下的内菌膜刚破裂时采收为最好。

九、后期管理

采收后应给菌筒补水，加大湿度，昼盖夜露，造成温差诱导第二潮菇产生。

第八节　茶树菇栽培技术

一、概　述

茶树菇（拉丁学名 *Agrocybe aegerita*），又称杨树菇、茶薪菇、柱状环锈伞、柳松菇等，隶属担子菌门、担子菌纲、伞菌目、粪锈伞科、田头菇属，是近年来新开发的食用菌品种。子实体单生、双生或丛生，菌盖直径 2~8 厘米，表面光滑、浅褐色，菌肉厚 3~6 毫米，菌柄长 3~8 厘米，粗 3~12 毫米，中实，表面有条纹，浅褐色，菌环着生菌柄上部。茶树菇子实体味美鲜香，质地脆嫩可口，含有丰富蛋白质，是欧洲和东南亚地区最受欢迎的食用菌之一（图 3-9）。

图 3-9　茶树菇

中医认为茶树菇性平、味甘，有利尿、健脾胃、明目、提高免疫力等功效。

二、栽培技术

（一）工艺流程

备料→培养基配制→装袋（瓶）→灭菌→冷却→接种→培养→出菇管理→采收加工。

（二）技术要点

1. 原料选择与培养基配方

茶树菇是木腐型食用菌，以阔叶树木屑、棉籽壳或作物秸秆等为原料，添加适量的麸皮、米糠、玉米粉、豆饼粉、油粕、混合饲料等，菌丝均能旺盛生长和形成正常子实体。培养基配方如下。

①阔叶树木屑 40%，棉籽壳 40%，麸皮（或米糠）14%，玉米粉（或豆饼粉）5%，石膏 1%。

②棉籽壳 80%，麸皮（或米糠）14%，玉米粉（或豆饼粉）5%，石膏 1%。

③阔叶树木屑 69%，麸皮 30%，石膏 1%。

④阔叶树木屑 89%，混合饲料（或油粕）10%，石膏 1%。

以上各培养基配方的含水量均为 65%~75%，pH 值为 5 最适。

2. 培养基制作与培养

培养基制作方法同其他袋栽（木腐型）食用菌。茶树菇栽培多采用规格为 17 厘米 ×（33~38）厘米的聚丙烯塑料袋熟料栽培，也有采用 15 厘米 ×55 厘米低压高密度聚乙烯菌筒栽培或瓶栽。短袋栽培时配有套环和棉塞，每袋装干料 0.2~0.3 千克；长袋每筒装干料 0.7 千克。按常规灭菌、接种与培养。培养温度控制在 25℃左右，待菌丝长满后即可转入出菇管理。

3. 出菇管理

出菇场所可选用室内菇房或室外阴棚。一般短袋栽培或瓶栽采用室内菇房，菌筒栽培采用室外棚栽。室内栽培可单层直立层架排放或墙式排放，待菌丝长满袋后，拔去棉塞，取下套环，将塑料袋口提拉直立，上盖报纸，每天喷水 1~2 次，保持报纸湿润，空气相对湿度 85%~95%，温度控制在 16~28℃，最佳 20~24℃，保持通风换气和一定的散射光。另一种出菇管理方法是待菌丝长满后，将袋口放松，以利形成菇蕾，现蕾后将菌袋移至菇房，随着菇蕾长大，将袋口塑料袋剪去，使菌袋上面料筒四周长出菇蕾，随着料筒四周菇蕾自上而下逐步出现而将菌袋向下移脱，直至全部脱掉。水分管理员采用喷雾法，切不可直接向子实体喷水。菌筒栽培时，待菌丝长满后，将接种穴面的薄膜刈去一条，然后排于畦面上覆土，土厚 1 厘米左右。排场前对场地和覆土进行杀虫、杀菌消毒，覆土 2 天后向土面喷水，保持土壤湿润。低温时，畦面覆盖薄膜保温保湿。开袋后 10 天左右子实体大量发生。采收后停水 5~10 天养菌，再进入第二潮菇管理。营养保存尚好的菌袋越冬后第二年春季能继续出菇。

茶树菇栽培宜于 3 月接种，5 月出菇；或 7 月接种，9 月出菇。在高温季节容易诱发病虫害，特别要注意防治眼菌蚊和蛾。受眼菌蚊为害的栽培袋，培养料变深褐色，菇蕾无法形成，已形成的菇蕾也会萎缩腐烂。防治方法以控制好环境条件及切断侵染源为主。具体做法在栽培袋（瓶）搬入菇房前，对菇房进行彻底清洗消毒，门窗应装上 60 目纱网。

4. 采收加工

子实体长至菌环即将破裂时及时采收。一旦菇盖下的菌环破裂，采下的菇就会失去商品价值。茶树菇常以保鲜菇和干品上市销售。

第九节　灵芝栽培技术

一、概　述

灵芝（拉丁学名 *Ganoderma lucidum*），又称丹芝、木灵芝、灵草等，是名贵的药用真菌，在分类学上属于担子菌亚门、层菌纲、多孔菌目、多孔菌科、灵芝属。全世界已知灵芝属内有100余种，我国已有记载的57种，占总数的1/2左右。早在两千年前人类就开始了野生灵芝的采集和研究工作。东汉末年的《神农本草经》中，根据形态和颜色将灵芝分成白芝、黑芝、青芝、黄芝、紫芝及赤芝6种，并描述了它们的产地和药性。

灵芝属中的赤芝最常见，应用也最广泛，其次是紫芝。赤芝在我国分布面积大，北起东北的大小兴安岭，南到海南省的尖峰岭，东起台湾，西至喜马拉雅山东南坡。现在已知赤芝主要分布在河南、河北、山东、山西、西藏自治区、新疆维吾尔自治区、湖北、湖南、安徽、四川、贵州、云南、辽宁、吉林等省区。紫芝主要分布在海南省及长江以南的西南地区。

灵芝（图3-10）原为野生，后经人工组织分离，得到纯种，进行人工段木栽培。近年来人们又普遍采用木屑、棉籽皮、甘蔗渣等原料进行人工代料栽培，成本低、工序少、生产周期短、产量高、经济效益显著。在一般情况下，从接种到采收需要80天左右，100千克干料可收干灵芝5~7千克。

图3-10　灵　芝

二、灵芝生长发育对环境的要求

灵芝在生长发育过程中需要的环境条件主要有营养、温度、水分、空气、酸碱度和光照等。

（一）营　养

灵芝是一种木腐型食用菌。但根据国外文献报道，它也能寄生在活的槟榔树上，并使槟榔减产或死亡，所以有人认为灵芝是兼性腐生菌。灵芝一般生活在枯木朽树之上，对木质素、纤维素、半纤维素、淀粉、果胶质等复杂的有机物质具有较强的分解和吸收能力，主要依靠灵芝菌丝体分泌出的胞外酶，如纤维素酶、半纤维素酶、多种糖酶、氧化酶类等能把复杂的有机物质分解为自身可以吸收利用的简单营养物质。

人工代料栽培灵芝时，木屑中还要加一定量的有机或无机氮源物质，如麸皮、米糠、硫酸铵、尿素等。而棉籽皮、玉米芯、稻草、甘蔗渣等也可作为栽培灵芝的原料。灵芝对培养料中碳氮比的要求是（30~40）：1。

（二）温　度

灵芝是高温型真菌，在生长发育过程中，要求较高温度。菌丝生长温度范围是8~35℃，菌丝体能忍受0℃左右的低温和38℃左右的高温。子实体原基形成和生长发育的温度范围是10~32℃，最适宜温度是25~28℃。实验证明，在此温度条件下，子实体生长发育正常，长出的灵芝质地紧密，皮壳层发育较好，色泽光亮。在30℃培养的子实体生长较快，个体发育周期短，质地较松，皮壳及色泽较差。低于25℃的温度，子实体生长较慢，质地紧，但皮壳及色泽也差。低于20℃时，在瓶子培养基表层，菌丝易出现黄色，子实体生长也会受到抑制。高于38℃时菌丝将死亡。

（三）湿　度

灵芝在整个生长发育期需要较多的水分，但在不同生长发育阶段对水分的要求也不一样。菌丝生长阶段代料培养基中的含水量为60%~62%，水分过少，菌丝生长细弱，而且难以形成子实体；水分过多，菌丝生长会受到抑制，空气相对湿度应控制在65%~70%。在子实体生长发育阶段，空气相对湿度应保持在90%~95%，若低于60%达2~3天以上，刚生长的幼嫩子实体就会由白色变为灰色。在室内和塑料棚内栽培时，还要处理好湿度和通风之间的矛盾。

（四）空　气

灵芝是好气性真菌，在子实体生长发育过程中需要充足的氧气。在通风不良，二氧化碳积累过多的情况下，会影响子实体的正常生长发育而变成畸形芝。当空气中二氧化碳含量达到0.1%时，有促进菌柄和抑制菌盖生长的作用；含量增至0.1%~1.0%时，子实体会生长成分枝较多的鹿角状而成畸形芝；含量超过1%时，子实体发育极不正常，无组织分化，形不成皮壳。所以在室内栽培时要注意通风换气。

（五）光　照

灵芝在菌丝生长阶段不需要光照，在黑暗或弱光下培养，菌丝生长良好，在强光下培养对菌丝有抑制作用。而光照对灵芝子实体生长发育有促进作用，若无光照，子实体难以形成，即使形成了，生长发育速度也很慢，容易变为畸形；光照不足时，子实体生长缓慢而细小，发育不正常；光照充足时，子实体生长发育快。因此，人工栽培时要想得到生长速度快的正常子实体，必须给培养室充足的光照。一般在1 500~2000勒克斯时，菌柄和菌盖发育正常、粗壮，生长速度快。

（六）酸碱度（pH值）

灵芝喜欢在偏酸性的环境中生活，在生长发育过程中，要求培养基中的pH值范围是3~7.5，最适宜pH值是4~6。

三、栽培技术与管理

（一）制种和栽培

灵芝原系野生，是一种腐生在壳斗科植物上的木腐真菌。灵芝人工栽培通常以瓶子或塑料袋为容器，采用室内栽培，但需建造专用菇房，设备投资大，成本高，在管理上往往因通风条件不良，芝体容易发生畸形，产量与质量均不稳定。

近年来，参照野生灵芝的生态环境，河北省推广陆地仿野生栽培。实践证明，栽培效果很好。这种栽培方式，不仅设备简单，管理方便，生产成本低，而且出芝整齐，芝形正常，芝盖厚大，芝柄短，商品性状好，产量高，一般每100千克干料可生产干灵芝10千克以上，商品合格率在80%以上。栽培技术如下。

1. 菌种制作

从7个灵芝菌株评选中，用适合于木屑和棉籽皮培养料生长，具有发菌快、出芝早、芝形大、产量高等特点的赤芝3号（从日本引进）作为生产菌株，用于制作母种，培养原种，以供栽培使用。

（1）母种制作

培养基配方：马铃薯100克，麸皮50克，硫酸镁1.5克，磷酸二氢钾3克，葡萄糖（或白糖）20克，琼脂20克，水1000毫升，pH值自然。按常规方法，将其配制成试管斜面培养基。

选择菌丝健壮，生长旺盛，无杂菌污染的灵芝母种，用接种钩勾取绿豆大小的菌丝体，随即移入灭过菌的斜面培养基的中央处，放于25~30℃培养箱内培养，一般培养7~10天，菌丝长满整个斜面时扩制原种。

（2）原种制作

培养料配方：棉籽皮78%，麸皮20%，石膏1%，糖1%。按常规方法将培养料拌匀，装瓶。灭菌后，用无菌操作将母种分切成6块，每瓶1块，连同培养基接入原种培养料中央的洞口，盖上盖或塞上棉塞。置于28~30℃培养室内暗处培养1个月为宜。

2. 陆地栽培法

（1）栽培季节

灵芝喜高温，出芝的最适宜温度为25~28℃。根据灵芝对气候要求和河北省气候情况，栽培期安排在4~5月为好，6~8月为出芝最适季节。利用夏季高温季节，一年栽培一次为宜。其他地区要结合当地气候条件进行安排。

（2）培养料配制

①培养料配方。常用的培养料配方如下。

A. 棉籽皮培养料：棉籽皮100千克，玉米粉3千克，石膏1千克，水

150 千克，拌匀。

B. 棉籽皮 89%，麸皮 10%，石膏 1%，料水比为 1 ：（1.4~1.5）

C 棉籽皮 42%，木屑 42%，麸皮 15%，石膏 1%，料水比为 1 ： 1.4。

②培养料的配制方法。根据当地资源条件，选择适宜的培养料，按照配方的比例要求，准确称料，然后加入清水拌料，使料水混合均匀。

（3）装　袋

配制好的培养料，经堆闷 1~2 小时，让料内吸足水分后，就应立即装袋。装袋的方法是取宽 17 厘米、长 35 厘米、厚 0.04 毫米的低压高密度聚乙烯塑料薄膜筒，先用塑料绳将筒的一头扎好，接着用手将培养料放入筒内，边装料边压实，使袋壁光滑而无空隙，装料接近筒口时，把筒口合拢用塑料绳扎好。一般每袋装干料 300~350 克。

装好的料袋应放在铺有苇席或薄膜的地方，防止沙粒和杂物将料筒扎破，引起污染。

（4）灭　菌

料袋装好后，应立即进行灭菌，通常采用常压蒸汽灭菌。在温度达到 100℃以后，继续保持 8~10 小时，可达到灭菌要求。塑料袋是一种软棒装，装锅时，料袋要直立排放，不要重叠堆积，以免受挤压后，料袋之间间隙被堵塞，湿热蒸汽难以流通和穿透入料内，使受热不均，影响灭菌效果。

装入料袋后，将锅盖盖严，使之无缝不漏气，并立即点火升温。灭菌时要掌握火候，初始用旺火使锅内温度迅速升到 100℃，以防微生物大量繁殖，使培养料变酸。然后要保持火力均匀温度稳定，否则影响灭菌效果；灭菌时间达到 8~10 小时后，要闷置一段时间，待锅内温度下降后，方可打开蒸锅，趁热将料袋移入接种室（箱）。在搬运过程中，应轻拿轻放，防止硬物将袋扎破。

（5）接　种

将灭过菌的料袋放入接种室内，密闭门窗，按每立方米空间用甲醛 8~10 毫升，加入高锰酸钾 4~5 克，产生甲醛气体，熏蒸消毒一天。也可用“菇保一号”气雾消毒剂点燃熏蒸处理，按每立方米空间用 2 克，30 分钟后即可接种。接种时，由两人配合操作，先点燃酒精灯，用灭菌镊子剔除菌种表面的老化菌种，将菌种弄碎，在点燃酒精灯的无菌区内，一人打开料袋两头的扎口，另一人配合接入菌种，然后再把袋口扎好，接种时动作力求迅速，以减少操作过程中杂菌污染的机会。

（6）发菌培养

接种后的料袋及时放入消过毒的培养室内，多层堆放在床架上，以充分利用菌丝生长散发出来的自身热量，提高室温，使温度保持在25℃以上，空气相对湿度保持在60%~70%。发菌期间要及时通风换气，保持空气新鲜。前期室内保持黑暗培养，以利菌丝生长，后期给予适当光照，以利子实体形成。当菌丝封住料面，并向料内生长5~6厘米时解开袋口塑料绳，让空气通过袋口缝隙进入袋内，以促使菌丝生长，在适宜条件下，经过30天左右，菌丝长满全袋后转入出芝管理。要搞好出芝管理，首先要建造好地棚。

（7）建造地棚

建造地棚，露地出芝。采用通风和透光性较好的简易地棚为宜。选择地势高，有水源，土质为壤土或黏土的庭院或村旁的空间地，按东西方向搭棚，长10~15米，宽3~5米，棚内做畦，畦宽0.5~1米，畦间开浅沟作为作业道和排灌水沟，棚顶搭拱架，上面覆盖薄膜和麦秸等，以保湿遮阴，棚的四周以秸秆墙为好，以利通风。

（8）出芝方式

袋栽灵芝以采取堆积两头出芝和覆土出芝两种方式为好。

①堆积两头出芝。地棚内畦床提前1~2天灌水浸湿，提高湿度。然后将发好菌的芝袋整齐地排列在畦床上，两头朝外，堆高5~7层，当芝袋两头表面转色，具有白色突起的芝蕾时，剪开两头薄膜口，让空气进入，促进芝蕾生长。薄膜口的大小以不超过2厘米为宜，尽可能小些，口小形成芝体少而大，开口大形成芝体多而小。切勿把袋口全部撑开，以免造成芝袋内失水，影响子实体形成。

②覆土出芝。畦床挖土深25~30厘米，将发满菌的芝袋脱去塑料袋，竖立排放在畦床内，袋与袋之间留3~5厘米空隙，中间填满富含腐殖质的菜园土，袋的顶部再撒上2厘米土覆盖。覆土后，向畦内灌水，使畦床湿透，促使菌丝尽快扭结，覆土后7~10天即现芝蕾。

（9）管理要点

商品灵芝要求芝片大、厚而完整，色泽纯一。为提高灵芝质量，在芝蕾出现后要注意做好疏蕾和温度、湿度、通风和光照等小气候条件的调节。

①疏蕾。芝袋料面有多个芝蕾出现时，应疏去一些，每袋只保留 1~2 个芝蕾，使养分集中长出大芝。

②调节温度。灵芝产量与温度有密切关系。在 25~28℃的室温下，灵芝芝体正常生长，产量高，高于 29℃或低于 22℃，生长明显减慢，出现减产趋势。温差越大，产量越低，畸形芝也增多，质量下降。因此露地出芝应安排在 6~8 月气温较高较稳定的季节为宜。在盛夏高温季节，白天阳光辐射，温度过高时，可在棚外覆盖物上喷洒井水，以降低棚内温度。另外，在出芝适宜的温度范围内，温度适当低一些（25℃时），芝体生长虽减慢一些，但质地紧密，发育良，色泽光亮，厚度好，芝的商品质量高。

③增加湿度。灵芝芝芽发生后，芝棚内必须有较高的湿度，才能促使芝芽表面细胞正常分化。如果空气干燥，则刚形成的幼嫩芝芽顶端容易枯死，就会影响芝柄生长和芝盖分化。出芝期间，应每天定期向棚内喷雾状水，同时在畦内灌水，保持畦土潮湿，使棚内相对湿度保持在 80%~90%。但湿度过高亦不利于灵芝生长，空气相对湿度超过 95% 时，易染杂菌和病害，造成畸形或死亡。喷水时注意不让泥土溅在芝盖上，保持芝盖洁净。

④增强光照。灵芝芝芽形成后，芝柄的生长和芝盖的分化与光照有直接关系。出芝阶段必须有充足的光照，光照不足，往往只长菌柄，芝盖分化困难，芝生长慢且瘦小，发育不正常。增强光照，芝盖形成快，芝柄短，芝盖细胞壁沉积的色素增多，芝盖色深而有光泽，因此满足光照是形成优质芝的重要条件。芝棚内光线要均匀，光照强度以棚内能阅读书报为度。灵芝具有向光生长的特性，出芝期间不要随便移动芝袋的位置和改变光源，否则会影响正常生长发育。

⑤加强通风。芝体发育对二氧化碳特别敏感，试验表明，当芝棚内二氧化碳浓度超过 0.1% 时，灵芝只长芝柄不长芝盖，大部分形成分枝状畸形的“鹿角芝”，失去商品价值。因此，出芝期间，应注意观察芝体生长情况，通过对芝棚进行通风换气，保持空气新鲜尤为重要。

（10）采　收

灵芝芝盖边缘白色生长圈消失转为棕褐色，并有大量孢子吸附在芝盖上时即可采收。采收前 5 天停止喷水，以便芝盖上吸附更多孢子和减少芝体含水量。采收时从柄蒂处将整朵灵芝全部摘下，然后剪去带培养料的柄蒂。采收后排列于苇席或水泥地上，晒干或置于烘箱内（55~65℃）烘干，按等级分装入双层塑料袋，紧扎袋口，干燥处存放，防止吸水回潮发霉变质。

（11）采收后的管理

袋栽灵芝一般可以采收二茬芝。搞好采收后的管理，有利于提高二茬芝的产量和质量。采收后的管理除一般常规管理外，还应着重注意做好补水工作。具体方法是：对失水过多、芝料干枯萎缩、重量明显减轻的芝袋，用注水器向料内注水补湿；两头出芝的芝袋在头茬芝采收后脱去塑料袋，按覆土出芝方法将芝袋埋入畦床内，灌水浸湿，经两周的管理可继续长出二茬芝。

3. 灵芝芝体畸形病的发生与防治

人工栽培灵芝，由于环境条件不良或管理不当，容易发生生理性病害，即畸形病，影响产量和质量，造成严重的经济损失。现将常见的5种畸形病的发生原因及其防治措施介绍如下。

①鹿角芝。芝柄有多个分叉，似鹿角状，无芝盖或芝盖很小。由于芝芽形成后，场所内二氧化碳浓度过高，加上光照不足，致使菌柄伸长，不断产生分枝，而芝盖难以分化或形成很小的芝盖，引起芝体畸形。另外，在芝盖形成时，温度低于22℃，也影响芝盖生长，而芝柄徒长，形成鹿角状分枝。防治方法：掌握适期和适宜温度出芝。出芝期间，应加强通风和增强光照，保持芝棚内空气新鲜，光照强度维持在300~1 000勒克斯为宜。

②连体芝。灵芝在生长过程中，当两个灵芝片互相接触时，常因细胞分化容易连接在一起生长，无法形成菌管，出现连体畸形芝，失去商品价值。防治方法：一是疏蕾，疏去相近的芝蕾，以防芝片连生；二是发现袋与袋之间有芝体连结可能时，及早移开，不让芝体互相连结。

③柱状芝。在灵芝生长期间，由于芝棚内二氧化碳浓度持续增高，失去了芝盖形成能力，而芝柄不断伸长，形成柱状畸形芝。另外，空气相对湿度过低，也影响芝盖分化，只长柱状芝柄。防治方法：一是改善通风条件，二是提高湿度。

④薄芝。芝盖大而薄，卷边，外形不整。芝盖生长过程中由于芝棚内

温度过高，细胞分化过剩，影响木栓质的形成。防治方法：在高温季节出芝，一旦温度过高时，要及时采取通风和向棚外覆盖物上浇洒井水等方法进行降温处理，使芝棚温度保持在适宜温度范围内 25~28℃。

⑤芝体扭曲。灵芝具有向光生长特性，芝体生长过程中如果光源改变方向，或芝袋变动位置，就会影响芝体正常生长，发生芝体扭曲现象。防治方法芝棚内要保持光源的稳定，出芝期间不要随意变换芝袋位置。

（二）灵芝仿段木栽培法

人工代料栽培灵芝的成功和推广，使我国的灵芝生产、产品的加工利用和出口都得以迅猛发展，但是由于代料栽培灵芝的原料多为棉籽皮、锯木屑、甘蔗渣等，长出的灵芝从质量上讲比不上段木灵芝。为弥补其不足，安徽在代料栽培的基础上认真总结研究，试验成功了仿段木栽培技术，从而使代料灵芝的质量得到很大提高。其栽培方法如下。

1. 原材料及其准备

①原料。主要原料包括阔叶树枝条、锯木屑、麸皮或米糠、石膏粉、蔗糖等。

②材料准备。大树木的枝丫或小灌木的枝干均可，将其截成 15~18 厘米长的枝条段，枝条段的直径在 1~2 厘米，稍粗的可将其劈成两半或四半。

2. 配　方

枝条段 50%，锯木屑 30%，麸皮 18%，石膏粉 1%，蔗糖 1%。

3. 配料和装袋

①配料。首先将枝条用水浸泡 24~36 小时让其吸足水分，或用大锅加水煮开再煮 2 小时，捞起备用，然后将配方中木屑等其他原料加水调拌均匀，使含水量达 60% 左右。

②装袋。用宽 17 厘米，长 35 厘米，厚度 0.04~0.05 毫米的低压聚乙烯筒状袋，先扎好一头备用，装料时首先在袋底装木屑等混合培养料，压实后高度为 2~3 厘米，再抓一把枝条段竖立在袋底的培养料上，并用手扶直，然后往袋内灌木屑混合培养料，填满枝条四周与袋之间的空隙，边装边压，装满后再在枝条上端封盖 2~3 厘米厚的混合培养料，压紧后扎好袋

口。料袋的灭菌、接种、发菌管理的方法和要求与代料栽培完全相同。但发菌时间要比代料长些。

4. 覆土出芝及其管理

仿段木栽培灵芝是以覆土的方式培养子实体。其出芝地棚的建造和畦床的规格与前述相同。当菌丝长满培养料后，将其运到出芝棚进行覆土。方法是：将长满菌的芝袋一端脱去塑料袋，其长度是芝袋的2/3，脱袋的一端向下，竖立在畦床内，袋与袋之间留3~5厘米距离，然后将袋四周及空隙覆以土，但不封顶，使芝袋露出3~5厘米。这种半脱袋覆土的好处是：脱袋端被埋在土内，与土壤充分接触，便于吸收营养和水分供子实体生长，露出地面端不脱袋，用以保护芝袋及其水分不被蒸发。覆土后的出芝管理要点和采收加工与代料完全相同。仿段木栽培的芝袋一般能出3茬芝。

四、灵芝盆景的制作工艺

灵芝形态奇特，色彩绚丽，自古以来被认为是吉祥的象征，可以作为盆景，以供观赏。在国际市场上，尤其是日本和东南亚地区，灵芝盆景有较好的销量。

灵芝盆景制作是将生物学技术和传统的盆景造型艺术结合起来的一种新工艺，它是利用灵芝的生物学特性，通过对灵芝生长环境条件的控制，并结合人工截枝、靠接、化学药品处理，培育出具有不同形状的灵芝，再配以山石、树桩、枯木，制作成为古朴典雅、造型奇特的工艺品。灵芝的造型方法如下。

1. 单株生长

原基出现后，把培养室温度、湿度同时降低，使培养条件不再适于原基分化，于是菌蕾周围的颜色加深老化，并形成革质皮壳，使菌蕾生长停止。当菌蕾向上延伸成菌柄后，再把温度、湿度调到适宜，菌柄长到瓶口后，很快分化成菌盖。在菌盖长出瓶口之前。间断性的调节温度、湿度，在菌柄上会长出几个长短不同的分支。

2. 菌盖加厚

将已形成菌盖而未停止生长的灵芝，放在通气不良的条件下培养，菌盖下面出现增生层，形成比正常菌盖厚 1~2 倍的菌盖。

3. 子母盖

在加厚培养中，继续控制通风条件，从加厚部分延伸出二次菌柄；再给予通风条件，从二次菌柄上可形成小菌盖，有时 1 个，有时多个。

4. 鹿角状分支

在温、湿度都能满足的条件下，若室内二氧化碳积累过多，菌柄上出现许多分支，越往上分支越多，而且渐渐变细，在菌柄顶端始终不发育成菌盖。也可在瓶口上套一个长纸筒，会在纸筒中形成鹿角灵芝。

5. 光诱导培养

灵芝子实体生长有明显的趋光性。在进行鹿角状分支培养时，固定光源，不时改变瓶子方向，其子实体形成如盘根错节的枯树枝状。

6. 药物刺激

给正在生长的菌柄先端涂上药物（酒精），即出现柄粗、分偏支、偏生、结疤的菌盖。

7. 强制造型

将正在生长的灵芝，用塑料薄膜棒扎成弯曲、结疤、开心、简单字形，按一定造型强制生长，再经过人工整修、剪枝，可造成多种形状。

第四章　食用菌规模化生产

第一节　食用菌规模化生产概述

食用菌规模化生产始于20世纪中叶。1947年，荷兰率先进行蘑菇工厂化生产，随后，美国、德国、意大利等国也陆续开始进行。日本于20世纪60年代开始采用工厂化模式生产以白色金针菇为代表的木腐型食用菌。80年代后，韩国和中国台湾在日本的基础上开始食用菌规模化生产的尝试。

20世纪90年代以来，我国食用菌生产得到了快速发展，现已成为世界上最大的食用菌生产国和出口国。我国传统的食用菌生产依靠手工操作，劳动效率低，食用菌的产量和质量普遍较低，与发达国家差距明显。我国大陆在20世纪80年代引进蘑菇工厂化生产线，但由于种种原因而未能达到预期效果。90年代后，一些台商和大陆一些企业投资兴建了木腐型食用菌工厂化生产线，其中部分取得了较好的效益。随后，规模大小不等的食用菌生产线不断涌现，国内食用菌规模化生产由此起步，并逐渐兴起。食用菌规模化生产是随着食用菌产业的不断发展而出现的食用菌生产模式，是具有现代农业特征的食用菌生产方式，对提高我国食用菌产业的国际竞争力具有重要意义。因此，推进食用菌生产的工厂化、标准化及食用菌产品的系列化进程，能使我国的食用菌生产水平迅速达到国际一流水平。

一、食用菌规模化生产

1. 食用菌规模化生产的概念

食用菌规模化生产是利用现代工程技术和先进的设施、设备，在封闭环境下，人工模拟适于食用菌不同发育阶段的生态环境，智能化控制食用菌生长发育所需要的温、湿、光、气等环境条件，进行周年食用菌生产。食用菌规模化生产具有生产流程化、空间内立体化、技术规范化、产品均衡化、供应周年化的特点，是采用工业化生产和经营管理方式组织食用菌生产的过程，是多学科知识和技术在农业生产上的应用。

2. 食用菌规模化生产的特点

①可周年、规模化生产。菇场日产一般都在 10 吨以上，并且由于可以人工调节食用菌的生长环境条件，能达到全年连续生产。

②产量高。我国自然条件下人工栽培双孢蘑菇产量仅 10 千克 / 平方米，而工厂化生产的双孢蘑菇产量已达到 30~40 千克 / 平方米。

③质量好。工厂化生产为食用菌创造了适宜的生长条件，其质量较自然环境条件下也要好得多，并且由于在封闭条件下生产，隔绝了其他生物污染，生产的食用菌都是无化学污染（有机）的。

④效率高。工厂化生产过程大多实行机械化、半机械化，生长环境由控制系统自动调节，相对手工操作要节约大量的劳动力。一般周年可生产 8~10 茬。

⑤不受自然条件的影响。由于采用工业化的技术手段，在内部环境可控制的设施条件下，采取高效率的机械化、自动化作业，实现规模化、集约化、标准化、周年化生产，改变了靠天吃饭的局面，使生产效益大大提高。

二、国内外生产现状及发展趋势

我国内地的食用菌规模化生产自 20 世纪 80 年代开始，有关部门和省份从美国、意大利等国家先后引进了 9 条大型的双孢蘑菇工业化生产线，但是由于技术、市场和管理等问题，除了个别公司能够成功运作外，其余都被迫停产，工厂化生产一度处于低潮。自 20 世纪 90 年代以来，随着经济发展和市场条件的成熟，国内再次掀起了以金针菇、杏鲍菇、海鲜菇等木腐型食用菌工厂化生产投资热潮。除了我国台湾、日本一些独资、合资企业陆续投资建厂外，我国不少企业也陆续投资开发食用菌规模化生产。在学习借鉴国外成功经验基础上，采用引进设备和自创技术相结合的方式，先后获得了成功。此外，各地小型半工厂化或设施加强型的规模化生产模式更是不断涌现。

随着经济发展和市场周年消费需求的不断增强，工厂化生产是食用菌产业发展的必然趋势。

第二节　食用菌规模化生产理论及特征

一、理论基础

任何生物都是在特定的条件下生长的，食用菌生长发育除了要求充足的营养条件外，还要求适宜的温度、湿度、空气、酸碱度和光照等环境因子。每种食用菌对每种环境因子的要求都有最适点、最高限和最低限，超过高限和低于低限食用菌都不能生长。同一食用菌品种在不同的发育阶段，要求的环境条件也不同。这是食用菌规模化生产的理论基础。

1. 温　度

温度是食用菌栽培成败及产量高低的关键因子。菌丝体生长阶段要求较高的温度，子实体生长发育要求较低的温度。

根据食用菌菌丝生长对温度的要求高低，把食用菌分为低温、中温、高温三大类型：低温型，菌丝生长最高温度为 23℃；中温型，菌丝生长最高温度为 32℃，最适温度为 24~25℃；高温型，菌丝生长最高温度为 40℃，最适温度为 29~30℃。

根据促成子实体分化的温度也分为 3 个类型：低温型，最高温度为 24℃以下，最适温度为 20℃以下，如金针菇、平菇、杏鲍菇等；中温型，子实体分化最高温度在 30℃以下，最适温度为 20~24℃，如银耳、木耳等，这种温型的食用菌在自然条件下多发生在晚春或早秋；高温型，子实体分化温度在 30℃以上，最适温度为 24℃以上，如草菇、灵芝等。

2. 湿　度

食用菌生长发育的环境湿度包括培养料湿度和空气相对湿度。适宜食用菌菌丝生长的培养料含水量在 60% 左右，空气相对湿度为 60%~70%；子实体形成和发育阶段除了应保持培养料相对湿度外，还需要较高的空气相对湿度，适宜的空气相对湿度一般在80%~90%，空气相对湿度过大则易引起杂菌感染。

3. 酸碱度

大多数食用菌喜酸性环境，适宜菌丝生长的pH值在5.5~6.5。一般来说，草腐菌要求pH值高一些，木腐菌要求的pH值低一些。

食用菌生长的最适pH值并不是培养料配制时的酸碱度。因为，培养料在灭菌后pH值会下降，同时食用菌在培养后新陈代谢会产生有机酸，也会使pH值降低，所以配制培养基时把pH值适当调高。若pH值偏碱，可在培养基中加入0.2%的磷酸二氢钾调节；pH值偏酸时，可添加少许中和剂碳酸钙或者氢氧化钠溶液。如杏鲍菇菌丝生长最适pH值为6.5左右，培养料配制后的pH值为7.5~8.0，灭菌后，pH值为6.6；双孢蘑菇适宜菌丝生长的pH值为6.8~7.0，培养料pH值调节到8.0左右，培养料发酵后pH值达到7左右。

4. 空　气

大多数食用菌是好气性真菌，菌丝生长和子实体发育均需新鲜空气。但在菌丝生长阶段，一定浓度的二氧化碳积累对菌丝反倒有刺激和促进作用；子实体分化阶段对氧气的需求量略低，二氧化碳（浓度0.03%~0.1%）能诱导子实体原基形成。一旦子实体形成，由于呼吸旺盛，对氧气的要求也急剧增加，这时0.1%以上的二氧化碳对子实体就有毒害作用，往往出现畸形菇。因此，在生产上，防止二氧化碳浓度过多积累，加强栽培室（房）内通风换气非常重要。

5. 光　照

菌丝生长一般不需要光线，但大多数食用菌子实体形成和发育则需要适量的散射光线。也有少数食用菌例外，如双孢蘑菇、大肥菇等连散射光线都不需要。木耳在光线充足时，子实体颜色深，长得健壮肥厚，只要有高的湿度，强烈的阳光也不能抑制木耳的生长。

二、主要特征

食用菌工厂化栽培是最具现代农业特征的产业化生产方式，它以提高食用菌生产综合效益为核心，以大幅度提高劳动生产率、产出率、商品率为目标。

1. 设施现代化、设备智能化

要实现食用菌规模化生产，提高生产效率和经济效益，就必须依赖现代化科学技术，而科学技术的运用都是靠现代化的设施和智能化的设备来完成的，因此必须装备先进的生产设施和设备。例如，菇房必须有保温、调光、通气的设施，以及有效的控温、控湿设备。

2. 工艺流程化、技术规范化

要实现产品质量均衡稳定，按计划批量生产出符合要求的食用菌，必须制定科学的企业生产技术规程和技术标准，包括菌种原材料质量标准，生产操作规程，产品分级标准，直到产品包装运输、上货架的整个生产过程的规范要求，以及确保实现这些指标的工艺流程和相应的操作条件。这些规程、流程和条件的选用都是依据食用菌的生物学特性和生长发育规律进行的。

3. 生产管理科学化

要获得食用菌规模化生产的最佳效果，就必须建立科学的生产管理体系，来保证生产工艺和生产规程得到切实执行。生产管理体系包括工作标准和管理标准，整个生产的各个环节始终处于符合标准要求的稳定可靠状态。

第三节　食用菌规模化生产的厂房及设备

一、食用菌工厂化厂房设置

食用菌规模化生产最重要的就是首先对厂房进行科学选址和合理的规划布局。厂房周围要求无工业三废、畜禽养殖场、垃圾堆置场及其他污染源，生产水源最好使用管网自来水。根据生产要求，布局时一般分为5个区域：Ⅰ区为无菌区，包括冷却室和接种室；Ⅱ区为培养区，对洁净度有严格的要求；Ⅲ区为搔菌栽培、包装区，对环境的整体要求较高；Ⅳ区为操作区，包括装瓶和灭菌区域，对环境无特殊要求；Ⅴ区为挖瓶区和原料堆场，是灰尘和杂菌较多的区域。根据日生产量和不同品种，合理布局各区域面积，对整个区域制定不同管理要求和人员流动要求。食用菌规模化生产采用封闭式厂房，目前使用最多的是带保温的彩钢板厂房。

二、食用菌规模化生产的设施和设备

当前国内外实现工厂化生产的食用菌主要以低温品种为主，如双孢蘑菇、金针菇、海鲜菇、杏鲍菇、白灵菇等。其中工厂化生产历史最长、工艺技术最成熟的是双孢蘑菇，其次是金针菇、海鲜菇。根据这些品种的特点，食用菌规模化生产有两种模式：一是以工厂化生产双孢蘑菇为代表的草腐菌生产模式，适合双孢蘑菇、巴西蘑菇、美国大棕蘑菇等品种的生产；二是以工厂化生产金针菇为代表的木腐菌工厂化生产模式，适合金针菇、杏鲍菇、白灵菇、蟹味菇等品种。

1. 草腐菌工厂化生产需要的设施和设备

以工厂化生产双孢蘑菇为代表的草腐菌工厂化生产模式所需的设施、设备有下列3类。

①菌种生产设施、设备。设施有培养基装瓶（袋）室、灭菌室、接

种室、菌种培养室，设备有装瓶（袋）机、高压或常压灭菌设备、接种设备、恒温培养箱、电冰箱、空调机等。

②栽培料发酵处理设施、设备。原料存放场地、一次发酵场地、二次发酵设施、麦秸和稻草切秆机、翻料机械等。

③出菇生产必需的设施、设备。设施包括覆土准备场地，发菌、出菇车间，分级、包装车间等。设备有栽培层架、温度控制设备、湿度控制设备、光照控制设备、通风换气设备等。

2. 木腐菌工厂化生产需要的设施和设备

以工厂化生产金针菇为代表的木腐菌工厂化生产模式中菌种的生产设施、设备，与草腐菌的工厂化生产是相同的。

由于木腐菌生产不需发酵料，多采用袋栽或瓶栽方式出菇生产，需要的设施有灭菌室、冷却室、接种室、菌丝培养室、出菇室、分级包装室等，所需要的设备有粉碎机、搅拌机、装瓶（袋）机、高压或常压灭菌设备、发菌培养层架、栽培层架、温度控制设备、湿度控制设备、光照控制设备、通风换气设备等。

三、食用菌规模化生产条件控制

目前，许多企业开发了智能化控制系统，实时采集、监控培养和栽培期间参数的变化，并及时预警，为食用菌创造优化的生长条件。常用的有：电加热系统，在室内机的出风口安装电加热管，通过室内机风机送到室内，起到加热作用；蒸汽加热系统，主要适合北方寒冷地区使用，蒸汽直接通入栽培室，起到加热和加湿作用。

1. 通风换气控制

食用菌规模化生产的通风换气主要通过一些设备来实现，并且通风换气和温度控制常一起完成。常用的有换气扇、热交换器和空调器。

要根据房间的大小和放置培养瓶或培养袋的数量，选择合适的换气扇型号和数量，保证有足够的风压和风量，快速地排风，达到设定的二氧化碳浓度。

热交换器的主要作用是将新鲜空气和室内空气进行热量交换后，通过送风管送入栽培房间，起到减少空调负荷、节能的目的。

空调机组主要担负制冷（加热）和新风送入作用。新风通过机组制冷或加热，再通过风管送入培养室或栽培室，进入的新风温度和室内温度比较接近，避免室内或冷或热，同时新风通过分布在室内的风管送入，均匀度更高。

2. 空气相对湿度控制

目前工厂化生产的加湿方法主要有超声波加湿、高压微雾加湿和蒸汽加湿。

超声波加湿设备通过震动子产生雾粒，直径小于 5 微米，加湿效率高，加湿后不产生滴水现象，但对水质要求高，需要软化处理，去除水中的水溶性无机物和杂质，震动子需定期更换，是食用菌规模化生产中使用最广泛的加湿设备。

高压微雾加湿设备通过高压泵对水加压到 4.9×10^6 兆帕以上，再经过高压管输送到喷嘴，雾粒直径小于 15 微米，水雾从液态变成气态，在空气中吸收热量，起到降温和加湿作用，这种设备主要适于面积较大的培养室。

蒸汽加湿设备的蒸汽管直接通入栽培车间，起到加热和增湿作用。这种设备主要适用于北方寒冷、干燥的食用菌栽培室。

3. 光照控制

食用菌在菌丝培养期间不需要光照，但在出菇过程中必须保持一定的光照强度，以诱导原基形成和提高整齐度。食用菌规模化生产过程中普遍使用的是日光灯，具有节能效果的 LED 灯在金针菇及杏鲍菇生产上也逐步被使用。

第四节　食用菌规模化生产工艺

食用菌规模化生产工艺流程一般为：原料预处理→配料→拌料装袋→灭菌冷却→无菌接种→发菌培养→出菇管理→适时采收→分级包装。

一、培养基质准备工艺

（一）配料原则

培养料是食用菌生长的营养物质基础，培养料配方直接影响食用菌产量、质量，影响栽培效益甚至栽培成败。培养料配制的基本原则：首先根据所栽培菇种的生物学特性选择栽培原料、配制碳氮比适宜的配方，其次根据栽培学和经济利用率确定适宜用量。

（二）拌料工艺

1. 影响搅拌效果的两个关键点

食用菌栽培原材料相当广泛，有木屑、棉籽壳、玉米芯、甘蔗渣、米糠、麸皮、玉米粉、石膏、石灰等，但是对不同原材料的配方或原材料的混合物搅拌方式有所不同。搅拌的主要目的是实现被搅拌原料在最短的时间内吸取大量的水分，尤其是提高培养料自身的蓄水能力。衡量搅拌效果成败的关键点主要有两个：一个是搅拌促使原材料混合物的均一性，不会造成一些死角；另一个是确保在搅拌的过程中不会使原材料酸败。研究证明，培养料的酸败直接影响出菇结果，酸败后的培养料使菌丝吃料困难，料发黑，发菌时间大大延长，催蕾时料面分泌大量黄水，增加了受杂菌污染的概率，单产水平下降。

2. 采取的工艺

①针对不同原材料采取不同的加水方法。木屑可以在室外长期日晒

雨淋，以促使其提高自身含水量；棉籽壳含有丰富的棉绒纤维，可以短期预湿，在搅拌前向料堆喷水使其充分吸水，从而减少在搅拌锅里搅拌的时间。

②玉米芯含有相当多的糖质，加水后不立刻装料容易引起酸败，但可以通过短期预湿的方法使其增加含水量。实验证明，玉米芯在35℃高温天气下预湿2小时后pH值下降不明显。

③容易酸败的有机营养添加物如麸皮、米糠、玉米粉等，通过控制加入拌料到装料灭菌的时间可防止酸败。在装料前0.5小时将其加入搅拌，1.5小时内完成装瓶，培养料不会酸败。

④高温季节，在搅拌锅的上方安装风扇，把搅拌过程中产生的热量及时排出，可减轻料的发热和酸败。

（三）装袋或装瓶工艺

装袋或装瓶是指将培养料均匀地装入栽培用的袋中或容器瓶中，然后在中央打直径1.5~2.0厘米的通气、接种孔。主要原理是通过震动、翻转使培养料漏入栽培袋（瓶）中。

1. 影响装瓶的几个关键点

原种多采用培养瓶装料培养，也有一些食用菌采用瓶栽方式。装瓶时应注意以下几点。

①装瓶需要装得上紧下松，这样有利于菌丝的两头发菌，使菌丝在最短的时间内吃料完毕。

②装瓶时必须确保培养料的含水量在64%~66%，而且瓶肩无空隙。

③装瓶时850毫升塑料瓶必须确保装料重为590~620克/瓶，1100毫升塑料瓶装料重量为770~800克/瓶，不能装得太轻或太重。这样有利于保持瓶内培养基质之间的空隙度，确保瓶内基质间良好的通气性。

④装瓶时确保栽培瓶之间的误差在±20克之内，确保菌丝发菌的均一性，从而保证出菇的均一性。

2. 采取的工艺

①装瓶要达到上紧下松的目的，可调节装瓶机的震动频率，使培养料通气良好，发菌速度快。

②在装瓶或装袋时，培养料的含水量必须均匀一致，含水量准确。根据不同菇种和栽培原料确定含水量，一般为63%~65%。

③营养物质一般为麸皮、米糠、玉米粉等，它们的使用量越大，装瓶的难度也越大，但是工厂化瓶栽要想获得高产（在一潮内完成较高的产量），必须使营养物质的含量达到30%以上。营养物质吸水后由于吸胀作用很小，培养料的空隙率大大降低，发菌速度大受影响，所以要达到这一点必须进行配方的优化，对主料进行选择与配比。

④若培养料装得太轻，干物质含量减少，尽管菌丝发菌较快，但是后期的出菇受影响，子实体发育后劲不足，菌盖变薄且容易开伞，菇体细弱无力；若装瓶装得太重，培养料之间的空隙率大大降低，影响了菌丝吃料的速度，使发菌变得相当缓慢，使后熟期延长，增加了栽培成本。

⑤瓶与瓶之间或袋与袋之间装料松紧一致，使每瓶或每袋的装料量一致，每瓶或每袋的重量误差在 ±20克之内；瓶肩或袋壁无空隙，培养基质之间的空隙度一致，确保菌丝发菌的均一性，从而保证出菇的均一性。

二、无菌操作工艺

（一）消毒工艺

原材料的消毒主要有两个目的：一是利用高温、高压将培养料中的微生物（含孢子）全部杀死，使其处于无菌状态；另一个作用是使培养料经过高温、高压后，一些大分子物质如纤维素、半纤维素等进行降解，有利于菌丝的分解与吸收。

1. 影响消毒效果的几个因素

①培养料配方的改变。如果培养料的配方变化以后，基质之间的空隙可能会变小或变大，消毒程序也要作相应的修改，否则可能会导致污染或能源的浪费。

②灭菌锅内放置数量。灭菌锅内放置数量和密度也影响灭菌的效果，放置数量过大、密度过高，蒸汽穿透力受到影响，灭菌时间要相对延长。

③季节限制。一般在炎热的夏季，培养料酸败很快，所以除了装瓶在最短的时间内完成外，锅炉的蒸汽供应以较快为好。尤其在消毒前期，如

果在较长的时间内消毒锅内仍达不到100℃，培养料仍然在酸败，消毒后培养料会变黑，pH 值下降，影响出菇导致减产。

2. 灭菌工艺

①高压灭菌。在保温灭菌前必须放尽冷空气，使消毒锅内温度均匀一致，不留死角，培养料在 121℃下保温 1.5~2 小时。

②空气过滤装置。采用全自动灭菌锅，在灭菌结束后都有脱气过程，为了使锅内外压力平衡，在灭菌结束后，外界空气通过过滤装置回流到灭菌锅内，便于锅门打开，所以安装空气过滤装置十分重要，也影响着灭菌效果。

（二）冷却工艺

冷却是指将培养料由高温降至接种所需的温度（一般为 20~22℃）的过程。由于在冷却过程中存在冷热空气的交换，这样栽培瓶就可能在冷却室中被回流冷空气污染，所以对冷却室有较为严格的要求。

①冷却室必须用无菌的气流彻底清洁，至少保持 10 000 级的净化度。

②冷却室中的空调设置为内循环，且功率要求较大，降温迅速。资料证明，栽培瓶由 100℃降至 20℃，瓶内外空气体积交换 50%；栽培瓶由 80℃降至 20℃，瓶内外空气体积交换 30%。所以，如何在最短的时间内将栽培瓶降至合适的温度至关重要，这样可以减少空气的交换比率，降低污染的风险。

（三）接种工艺

接种环节是对清洁度要求最高的环节，因为在此区域涉及瓶盖的开启、人员的操作，所以也是最容易引起污染的环节。接种室对硬件与软件的要求非常苛刻。

①接种室必须有空调设备，使室内温度保持在 18~20℃，而且采用齿片散热方式。

②接种室的地面必须易于清理，最好用环氧树脂材料等无尘材料。

③接种室必须安装紫外灯或臭氧发生器，对室内定期进行消毒、杀菌。紫外灯安装时注意角度和安装位置。

④接种操作前后相关器皿必须用75%的酒精擦洗、浸泡或火焰灼烧。

⑤接种时由于有栽培种传输至外操作区域，所以室内必须保持一定的正压状态，且新风的引入必须经过高效过滤，室内保持10 000级，接种机区域保持100级。

⑥接种操作的过程中人员必须按无菌操作要求进行。

三、发菌工艺

食用菌发菌培养在养菌室内进行，要求室内清洁、黑暗、恒温、恒湿，避光培养。室内装有温度、湿度、二氧化碳浓度等环境自动控制装置，主要是环境条件控制及菌袋检查工作。

工厂化栽培食用菌必须创造适合食用菌生长发育的环境因素，任何一种不适宜因素必然引起食用菌菌丝体生长发育不良。以下是发菌培养过程中常见问题及处理措施。

①同一灭菌批次的菌袋大部分污染。特别在菌袋中部（远离接种部位）出现大量的各种杂色的污染菌落，常常成批发生。直接原因：培养料没湿透，料有生心，灭菌不透，尤其是木屑、玉米芯等质地较硬的培养料易发生这种情况；或者灭菌未排尽冷空气，导致热循环不好，灭菌时间不够，或灭菌过程停火断气，或菌袋摆放过多过紧或高温烧菌造成的。发现后，重新装袋灭菌，严格执行操作规程。

②同一灭菌批次的栽培袋，部分集中发生杂菌污染。原因是灭菌锅内有死角，温度分布不均匀，部分灭菌不彻底。

③同一接种批次一般接种后7天内，接种块周围部分发生杂菌污染。原因是菌种被污染，发现后应在接种箱内无菌操作，将感染部位及相连2厘米的培养料挖掉，重新接种。

④一般接种7天后，袋口发生杂菌或菌袋两端发现杂菌菌斑。原因是接种过程中，消毒不严格或接种时不符合操作要求引起的污染。

⑤培养15天后，菌袋发生随机零星污染。原因是培养室清洁不到位、不卫生、湿度过高。发现后，污染轻的可以用生石灰涂抹或用0.3%多菌灵涂抹或注射；污染重的将培养料倒出晒干后经处理重新使用。

⑥菌种不萌发或者菌丝生长特别缓慢。主要原因是菌种活力弱，或者接种时菌种被烫死。另外，菌袋装料过紧或含水量过高，菌袋内由于没有

充足的氧气，抑制了菌丝生长速度；或者发菌温度过低（低于 20℃），或 pH 值不适宜，也会造成发菌缓慢。

在正常无污染的情况下，蟹味菇栽培种在 22℃温度下，经过 30~35 天（配方不同，天数有所改变）菌丝吃透培养料再经过 30~60 天的后熟培养，即可搔菌出菇；金针菇在 16~18℃温度下培养 28 天（采用液体菌种可缩短 1 周），即可搔菌；杏鲍菇在 22~23℃温度下培养 30~35 天，即可搔菌。

四、栽培工艺

1. 搔菌工艺

工厂化食用菌在出菇前必须经过搔菌处理，使菌丝断裂机械刺激。蟹味菇将培养料表面搔成“馒头”形；而金针菇采用平搔方法，再补充一定的水分后不但可刺激出菇，而且使出菇整齐；杏鲍菇采用平搔方法，不补充水分。搔菌的过程中留意如下几点。

①及时挑出在培养室中感染的杂菌。

②将污染的搔菌头及时用酒精或火焰消毒。

③搔菌要确保培养料面搔成“馒头形”，保留老的菌种，可缩短现蕾时间，提高出菇整齐度。

④搔菌头调节适当高度，搔菌后瓶子边缘料面距离瓶口在 1.0~1.5 厘米。

2. 催蕾工艺

搔菌后须快速移入催蕾室进行催蕾。催蕾室满足下列工艺要求。

①催蕾室满足温、光、气、湿、风的硬件要求。空调能及时地降温（升温），确保室内温差维持在 2~3℃；催蕾室里的灯光设置必须合理均匀；催蕾室里要能及时换气或安装二氧化碳（CO_2）浓度控制探头；催蕾室必须保证较高的湿度，海鲜菇催蕾时的湿度近乎 100%，所以室内要安置充足的加湿设备；室内必须保证一定的气流循环，使不同方位的气流一致。

②催蕾室内必须经常清洗消毒，使其保持清洁。

③海鲜菇的催蕾最好能覆盖无纺布、纱布等通气性良好的覆盖物，以保湿与通气。在此种环境下（温度 14~16℃、空气相对湿度 95%~98%）经

过 8~10 天即可现蕾。

④金针菇催蕾时温度保持在 15~16℃，空气相对湿度为 90% 左右，CO_2 浓度控制在 0.15% 以下，并且每天给予 1 小时的 50~100 勒克斯的散射光，这样的条件经过 8~10 天后即可现蕾。

⑤杏鲍菇催蕾时菇房内保持气温 12~15 ℃，空气相对湿度为 85%~95%，光照强度为 50~200 勒克斯，注意通风，CO_2 浓度在 0.1% 以下，催蕾 3~7 天，刺激原基的形成。当袋内形成许多细小菇蕾时，开袋口进行出菇管理。也有先开袋口覆无纺布或薄膜进行催蕾。

3. 子实体品质控制工艺

海鲜菇经过近 10 天的催蕾过程，针头状的菇蕾就会冒出培养料表面（此时揭去覆盖物），即进入子实体生长阶段。工艺要求如下。

①生长室满足温、光、气、湿、风的硬件要求。空调能及时地降温与升温，确保室内温差维持在 2~3℃；栽培房不同床架都要安装层架灯，确保菇蕾能及时、均匀地得到较强的光照，以促使海鲜菇特有的大理石状花纹的分化并保证菇形美观，生长后期每天光照不得少于 10~12 小时；室内要能及时换气或安装 CO_2 浓度控制探头，确保 CO_2 浓度位于 0.1%~0.15%；空气相对湿度保持在 90%~95%；室内必须保证一定的气流循环，使不同方位的气流一致，以促使均匀长菇。

②栽培房内必须保持清洁，不要存有烂菇体或培养料残渣等。在每批次结束后对室内进行清扫和消毒处理，减少杂菌的累积。

③栽培房是子实体生长发育的房间，有子实体浓厚的香味，所以在进排气孔方位均要安装防虫网，以防止一些菌蝇或菌蚊类害虫的入侵。

五、采收包装工艺

1. 采收工艺

海鲜菇生长至菌盖大小 2 厘米且菌盖呈半球形或扁半球形，菌柄长度为 5~8 厘米时即可采收。由于其质地脆嫩异常，菇盖容易脱落或破损，在采收时要非常小心，减少破损。研究发现，利用压缩空气进行采收非常方便，速度也非常快，采收速度为 3 000~4 000 株 /（人・小时）。

金针菇子实体长至瓶口，菇高 13~14 厘米时，即可采收。采用玉米芯为主要原料的每瓶产量为160~180克，木屑为主要原料的每瓶产量为140~160克。一般出口标准为：柄长13~14厘米，菇盖直径小于1厘米，没有畸形，菇柄粗细均匀，直径普遍小于2.5毫米或更细，挺直无弯曲现象；菇体色泽洁白，含水量低。

杏鲍菇子实体伸长至10~20厘米，菌柄腰圆鼓起，基部隆起但不松软；菌盖基本平展并中央下凹，边缘稍向下内卷；菌褶初步形成，但尚未弹射孢子，此时大约8成熟，可及时采收，也可根据客户要求采收。采收应采大留小，分次采收，用锋利小刀收割，不影响小菇。在杏鲍菇工厂化生产中一般只收一潮菇。

2. 包装工艺

瓶栽海鲜菇、金针菇采收后，一般以托盘盛放，再覆以保鲜膜或塑料袋。包装后的成品及时放入3~5℃的冷库中，保存期为7~10天。采收后的杏鲍菇产品，及时切除菇脚、木屑及带土柄根后，根据分级标准分别包装待售。

第五章　食用菌病虫害防治

第一节　食用菌主要病害的识别与预防

一、菌丝体阶段常见病害的种类及发生规律

1. 木　霉

木霉俗称绿霉，几乎能为害所有的食用菌，菌丝生长迅速，菌丝体初期为白色，棉絮状或致密丛束状。从菌丝层中心开始向外扩展，后期菌落转为不同程度的绿色，有浅绿、黄绿、绿色、蓝绿或深蓝绿色，并出现粉状物的分生孢子。绿色木霉可分泌毒素，抑制菌丝生长。

木霉病菌分布很广，栽培菇房、带菌的工具和废料等是病菌的主要传染源。通常接种时消毒不严格，棉塞潮湿，生长环境不干净易染病，菌丝愈合、定植或采菇期菇柄基部伤口多易受感染。

2. 青　霉

为害食用菌的青霉菌有数种，与食用菌菌丝相似，不易区分。菌丝体初期白色，繁殖迅速，很快出现蓝绿色粉状分生孢子，星点状散布在培养基表面，或形成绿色菌斑。但其繁殖速度没有木霉快，仅是局部性扩展。其气生菌丝呈密集状，菌落呈绒毛状，大多呈蓝绿色。

青霉广泛存在于土壤和空气中，多腐生或弱寄生，存在于多种有机物上，产生大量分生孢子，主要通过气流传入培养料，进行初次侵染。带菌的原辅料也是生料栽培的重要侵染来源。侵染后产生分生孢子借气流、昆虫和不当的管理操作进行再侵染。高温利于发病，多数青霉菌喜酸性环境，培养料及覆土呈酸性较易发病。食用菌生长衰弱利于发病，凡是幼菇生长瘦弱或菇床上残留菇根未及时清除均易被病菌侵染。

3. 曲　霉

白色绒毛状菌丝体，扩展较慢，菌落较厚，常在棉塞和瓶颈交接处和培养基面上出现污染斑，用放大镜可看到一丛丛黄色、土黄色、褐色、烟

色、黑色等成丛簇的色斑，多为黄曲霉、黑曲霉、白曲霉、烟曲霉等。

曲霉分布广泛，存在于土壤、空气及各种腐败的有机物上，分生孢子靠气流传播。曲霉菌主要利用淀粉，培养料中碳水化合物过多的，容易发生；使用劣质、短绒棉花做棉塞，灭菌过程中棉花受潮或培养环境湿度大、通风不良的情况下也容易发生。

4. 毛　霉

毛霉又叫长毛霉，菌丝初期白色，后灰白色至黑色，说明孢子囊大量成熟。该菌在土壤、粪便、禾草及空气中到处存在。在温度较高、湿度大、通风不良的条件下发生率高。毛霉菌丝体每日可延伸 3 厘米左右，生长速度快。

毛霉在潮湿的条件下生长迅速，在菌种生产中，如果棉花塞受潮，接种后培养室的湿度过高，很容易发生毛霉。

5. 根　霉

菌落初为白色棉絮状，菌丝白色透明，与毛霉相比，气生菌丝少，后变为淡灰黑色或灰褐色，在培养料表面形成一层黑色颗粒状霉层（孢子囊）。

根霉经常生活在陈面包或霉烂的谷物、块根和水果上，也存在于粪便、土壤中；孢子靠气流传播；喜中温（30℃生长最好）、高湿偏酸的条件。培养物中碳水化合物过多易生长此类杂菌。

6. 链孢霉

链孢霉侵染俗称红粉病、红面包霉病，此为食用菌生产中常见杂菌，可污染所有的食用菌，菌落初为白色粉粒状，后呈稀疏毛绒状，一天后产生大量分生孢子呈现出橘红色。不及时清理污染链孢霉的菌袋或清理方法不对，在 2~3 天内全棚大部分菌袋袋口感染，再经过 1~2 天，袋口的星点橘红色孢子堆成一大团分生孢子块，其直径 2~6 厘米，高 1~3 厘米。这种链孢霉能杀死食用菌菌丝，是一种顽强、速生的气生霉菌。

链孢霉广泛分布于自然界土壤中和禾本科植物上，尤其在玉米芯、棉籽壳上极易发生。其分生孢子在空气中到处漂浮，主要以分生孢子传播为害，是高温季节发生的最重要的杂菌，7~9 月是其盛发高峰期。

该菌的孢子萌发、菌丝生长速度极快，特别是气生菌丝顽强有力，能穿出菌袋的封口材料，挤破菌袋，形成数量极大的分生孢子团，有当日萌发、隔日产孢高速繁殖的特性。20~30℃时，在斜面培养基上，一昼夜可长满整个试管，在木屑及棉籽壳培养料上，蔓延迅速，传播力强，发菌室内只要发现一部分菌袋感染上链孢霉，3 天后整个生产场地都将布满链孢霉红色的孢子，造成毁灭性损失。

7. 酵母菌

母种斜面试管出现黏稠状圆形菌落。在麦粒二级种或三级种培养基中常会出现。菌落表面光滑、湿润，有黏稠性，不透明，大多呈乳白色，少数呈粉红色。被酵母菌感染的培养料会产生浓重的酒味。

酵母菌孢子靠空气及人为传播，在气温较高、通气条件差、含水量高的培养基上发生率较高。

8. 细菌类

受细菌浸染的母种，菌落边缘有水渍状物，或斜面上有肉眼可见的细菌菌落，多为白色、无色或黄色，黏液状，常包围食用菌接种点。原种和栽培种表现症状多样。以麦粒及粪草为基质的菌种瓶（袋）外壁出现“湿斑”。大部分出现在瓶（袋）的上半部或侧面，被污染的麦粒周围出现淡黄色黏液。常见症状为菌丝生长缓慢、生长不均匀，菌丝间连接不紧，菌种色泽暗淡、黏湿、色深，散发出恶臭气味。生料栽培时大量发生，菌种不萌发，或萌发缓慢，或生长缓慢，有酸味，pH 值常由正常的 6.0~8.0 降至 3.5 左右。

灭菌不彻底是造成细菌污染的主要原因。灭菌后冷却速度过快，也会引起残存抗热性细菌的增殖而导致污染。此外，麦粒浸泡过湿，填料过松，无菌操作不严格，环境不清洁，也是细菌发生的条件。

9. 黏　菌

黏菌在营养体生长时，床面出现白色、黄白色、鲜黄色或土灰色菌落，没有菌丝，继续扩展，前缘呈现扇状或羽毛状，边缘清晰，培养料变潮湿，逐渐腐烂，菌丝消失，子实体水浸状腐烂。黏菌在自然界中分布很广，主要生活在树林中阴湿的地面或树干上，特别喜欢生长在有机物质丰富的场所。黏菌孢子通过空气进行传播。

二、菌丝体阶段常见病害的防治方法

1. 农业技术防治

①配方合理，含水量适中，填料严实，封口严密。

②培养料要求新鲜、干燥，用清洁水拌料；生料栽培时，可加入1%~3%的石灰来抑制杂菌，为了降低杂菌基数，培养料中可加入0.1%多菌灵；发酵料栽培时，培养料一定要堆置发酵透彻，杀死料中绝大部分杂菌孢子；熟料栽培时，培养料灭菌要彻底，避免棉塞受潮，装料、灭菌、接种后的菌袋进出轻拿轻放，防止菌袋破损。

③严格检查菌种质量，适当加大菌种用量。

④接种场所要保持清洁，接种室或接种箱在每次使用前要彻底消毒，灭过菌的菌种瓶或菌种袋应快速移入洁净的冷却室或接种间。接种应全过程无菌操作。

⑤注意培养室及出菇场所内外的环境卫生，废料及时处理。栽培场地内外保持洁净、干燥，四周排水畅通，不留积水、污水、污物、杂草，并保持通风良好，在使用前用5%的甲醛溶液或5%的苯酚溶液喷雾消毒，密闭24小时，每天开窗通风换气。培养室所用的消毒药剂要经常轮换使用，以防病菌产生抗药性。

2. 药剂防治

培养过程中每隔5~7天检查一次，将杂菌消灭在点片发生阶段；对污染的菌种通常要立即销毁，对污染轻的栽培袋可用5%~10%浓石灰水冲洗杂菌，也可用75%酒精、3%~5%苯酚、5%甲醛或0.1%多菌灵注射杂菌污染处，放于低温处隔离培养。瓶（袋）外形成橘红色块状孢子团的，应用湿纸或湿布小心包好后，浸入药液中或深埋，切勿用喷雾器直接对病菌喷药，以免孢子飞散，也可及时涂刷适量的废煤油或柴油，然后用薄膜包扎，可使霉糜烂死亡。发菌后期受害，可将受害菌袋埋入深40~50厘米且透气性差的土壤中，经10~20天缺氧处理后可出菇。

三、子实体阶段常见病害的识别及其防治

（一）胡桃肉状菌

1. 为害症状

初发时，出现短而浓密的白色菌丝体，一方面产生大量的分生孢子，另一方面形成类似胡桃肉状的子囊果，其直径可达1~6厘米，群生，白色，成熟后变暗红色，释放孢子后慢慢枯萎。发生胡桃肉状菌的菇房，培养料变成黑色并带一些黏团，同时散发出强烈的漂白粉气味。若胡桃肉状菌大量发生，菌丝会逐渐被“吃掉”，不能形成子实体，严重者甚至造成绝收。

2. 发生特点

多发生在秋菇覆土前后和春菇后期，在料内、料面和土层中都会发生。土壤是主要传播源，没有充分发酵的培养料及带有胡桃肉状菌的菌种也可传播。分生孢子和子囊孢子可随风飞散，或经人和工具到处传播。子囊孢子可潜伏在菇房、床架和周围场地等环境中休眠，遇到适宜的条件便重新萌发进行为害。菇房长期通风不良，又长时间处于20℃以上，培养料偏酸情况下，就更易引起胡桃肉状菌发生。

3. 防治方法

①严格检查菌种，发现菌种中有过于浓而短的菌丝，有一粒粒胡桃肉状的东西，且有漂白粉气味的，及时销毁以防扩散。

②防止培养料过厚、过熟、过湿，并适当推迟秋播播种期，使覆土层调水期间菇房温度在17℃以下，应注意加强菇房通风，防止菇房内形成闷热、湿的条件。

③覆土要严格消毒。

④菇床上一旦发生胡桃肉状杂菌，床面应立即停止喷水，待土面干燥后，将胡桃肉状菌连同覆土层一齐取出菇房销毁，覆上新消毒过的土粒，当室温降至16℃以下后，再按常规进行管理，仍可正常出菇。为防止病害蔓延，也可在患病部位及周围喷5%的甲醛液或1%的漂白粉液或500倍多菌灵液。

⑤连年发生胡桃肉状菌的地区，应坚持用800倍多菌灵溶液进行环境消毒，发酵料建堆尽可能不要在土地上进行，堆料过程中用800倍多菌灵拌料。

（二）褐色石膏霉

1. 为害症状

初期在培养料面或覆土的菌床上出现稠密的白色菌丝体，久变成肉桂褐色粉末，即形成了菌核。该菌可抑制食用菌菌丝生长，推迟出菇时间，发生量大时产量受影响。

2. 发生规律

褐色石膏霉常生长在木制器具或床架上，借未经处理的工具和覆土传播，主要发生在双孢蘑菇、草菇等菇床上。潮湿、过于腐熟的培养料有利于其发生。

3. 防治方法

培养料堆积发酵时，堆温上升到60℃以上，维持4~5天，可杀死菌核。避免培养料过于腐熟和湿度过大。发病时，减少用水，加强通风，使霉菌逐渐干枯消失。

（三）褐斑病

褐斑病又名轮枝霉病、干泡病。

1. 为害症状

不侵染菌丝体，只侵染子实体，但可沿菌丝索生长，形成质地较干的灰白色组织块。染病的菇蕾停止发育；幼菇受侵染后菌盖变小，柄变粗变褐，形成畸形菇；子实体中后期受侵染后，菌盖产生许多针头状褐斑；早期子实体感染后发育不良，颜色灰白；幼菇感染成洋葱菇，中期有唇裂现象，质地较干，不腐烂，无特殊臭味。

2. 发生规律

覆土带菌为最初侵染源，可以通过喷水、溅水、昆虫、工具、操作和气流等途径传播。

3. 防治方法

搞好菇房卫生，防止菇蝇、菇蚊进入菇房。菇房使用前后均严格消毒，采菇用具严格消毒，覆土用前要用 5% 的甲醛溶液堆闷消毒，严禁使用生土。覆土切勿过湿。发病初期立即停水并降温至 15℃以下，加强通风排湿。及时清除病菇，在病区覆土层喷洒 0.2% 多菌灵液。发病菇床喷洒 0.2% 多菌灵液，可抑制病菌蔓延。

（四）褐腐病

褐腐病又名疣孢霉病、白腐病、菇癌、湿泡病，主要为害双孢蘑菇、草菇、平菇等。

1. 为害症状

该菌只感染子实体，不侵染菌丝体。在双孢蘑菇的不同栽培阶段病症不同，发菌阶段菇床表面形成一堆堆白色绒状物，绒毛状堆直径可达 15 厘米，后渐变为黄褐色，最后腐烂发臭；侵染幼菇时子实体成无盖畸形，形成马勃状组织块，初为白色，后变为黄褐色，并有褐色水珠渗出，继而腐烂；被侵染的子实体菇柄常膨大成泡状，菇盖变小，表面出现白色绒毛状物。菇体表面渗出水滴是褐腐病的典型症状。该菌还可在覆土表面和覆土中生长。

2. 发生规律

褐腐病病原菌为疣孢霉，该病菌可在土壤中长期存活，其厚垣孢子在土壤中可休眠数年，一般首次侵染主要是厚垣孢子萌发形成的，菇棚内的再度加重侵染、病害蔓延，则主要是病菌孢子通过喷水、溅水、昆虫、工具、操作和气流等渠道传播。

3. 防治方法

（1）搞好环境卫生

注意菇房清洁和覆土材料的消毒，染病老菇棚重新使用前，可掀去上覆物，铲除一层土后，堆上秸秆点火焚烧，然后再重新扣棚，喷洒 50% 多菌灵液，用量为 10 克 / 平方米，闷棚 2 天以后即可启用。

（2）及时处理病斑，防扩散

发病菇棚可清除病菇，并清理料面，采取昼盖夜开方式使棚温尽量降低，低于 13℃时，可抑制病菌为害。刮除料面 0.2~0.3 厘米，地毯式喷洒 100 倍的蘑菇祛病王溶液或 150 倍 70% 菌绝杀可湿性粉剂，有效抑制或杀死部分病原菌。

（3）在菌袋进棚或播种后

喷洒 150 倍蘑菇祛病王溶液，出菇前再加强一次，发病初期可连续喷洒两遍，效果很好。

（五）白色石膏霉

白色石膏霉又名圆圈病、石膏霉。

1. 为害症状

白色石膏霉常在双孢蘑菇、草菇、姬松茸、鸡腿菇、平菇等菇床上发生。在菇床表面形成圆形的病菌覆盖区，初期为白色粉末状，如同撒的石灰粉，随着时间的推移，圆斑逐渐外扩，而其原发病区白色则随之逐渐变淡直到消失，形成空心的白色圆圈，发病区域内很少出菇，偶有幼菇亦很快萎缩、死亡。

2. 发生规律

在培养料发酵不良、含水量过高、酸碱度过高的条件下，易发生和蔓延。

3. 防治方法

严格按照培养料的堆制要求，掌握好发酵温度，可适当增加过磷酸钙和石膏的用量，培养料要进行二次发酵，覆土要用甲醛熏蒸处理。在菇床上发生时，可用 1 : 7 的醋酸溶液或 2% 的甲醛溶液喷洒，也可于发病部分撒施过磷酸钙。

（六）软腐病

软腐病又称腐烂病。

1. 为害症状

软腐病主要为害金针菇、平菇等。先在床面覆土表面出现白色棉毛状菌丝，如不及时处理，在湿度较大的情况下，可把子实体全部“吞噬”而只看到一团白色的菌丝，后期白色菌丝变为水红色。侵染子实体从菌柄开始，菌柄基部变水渍状褐色斑点，病菌逐渐上移，扩展到整个菇体，使之基部变软，子实体倒伏并腐烂，轻者影响产量和质量，发病严重的绝收。

2. 发生规律

腐病菌广泛存在于土壤中，在覆土或菇体表面形成菌落，并在短期内产生孢子，这些孢子借助气流、喷水时溅起的水滴及菇体渗出的汁液进行传播。当培养料含水过高，菇房湿度较大，喷水不均匀造成积水，长时间覆盖薄膜以及通风不良等条件下易发病。

3. 防治方法

严格覆土消毒，切断病源。在子实体生长阶段要控制含水量，要经常清除菇体表面积水，保持菇房空气新鲜；发现病菇后应及时清除，然后喷2%~5% 的甲醛溶液或 800 倍液甲基托布津。也可在病床表面撒 0.2~0.4 厘米厚石灰粉同时减少床面喷水，加强通风降温排湿。

（七）细菌性斑点病

细菌性斑点病又名细菌性褐斑病。

1. 为害症状

细菌性斑点病主要为害金针菇、双孢蘑菇和平菇等。发生部位在菌盖和菌柄上，病斑褐色，菌盖上的病斑圆形、椭圆形或不规则形，潮湿时，中央灰白色，有乳白的黏液稍凹陷；菌柄上的病斑菱形或长椭圆形，褐色有轮斑。条件适宜时，会迅速扩展，严重时，菌柄、盖变成黑褐色，最后腐烂。

2. 发生规律

覆土和栽培料是其主要的初侵染源，菇蕾穿过覆土时，菌盖就可能受感染，若出菇期浇水不当，将菌床上的细菌溅到菌盖上，也能引起初次侵染。

3. 防治方法

选用抗病品种，加速品种更新，合理安排出菇时间。出菇创造菌床外干内湿的环境，这样有利于刺激出菇，既保证了出菇期的湿度需要，又抑制了该病的发生。喷水雾滴要细，喷水后，立即通风30~60分钟，使菇表面尽快干燥，做好出菇场地卫生消毒工作，场地用0.05%~0.1%的漂白粉喷雾1~2次，然后用消毒粉或高锰酸钾和甲醛熏蒸。发病初期用0.2%漂白粉喷雾。防止昆虫带菌传播，注意操作时不要造成人为的传播。

（八）鬼　伞

鬼伞又名野蘑菇。

1. 为害症状

为害食用菌的主要是毛头鬼伞、墨汁鬼伞、粪鬼伞、晶粒鬼伞和长根鬼伞，为害平菇、草菇和双孢蘑菇等。在堆制培养料时，鬼伞多发生在料堆周围。菇床上多发生在覆土之前，覆后则很少发生。初期在料面上无明显症状，也见不到鬼伞菌丝，一直到形成鬼伞子实体时才可分辨。鬼伞生长迅速，从子实体形成到成熟，只需1~2天；或在菇床上腐烂，发生恶臭，容易导致其他霉菌的为害。

2. 发生规律

鬼伞孢子通过空气或培养料带菌途径进行传播。在生料栽培过程中，当培养料堆积发酵方法不当、堆积时间过长或含氮量过多、产生较多氨气时，会发生大量鬼伞。当通风降温后或覆土后，鬼伞可以得到控制。

3. 防治方法

选用无霉变原料，培养料进行合理堆积发酵。培养料调整好碳氮比，避免含氮量过多。发菌时避免料温过高；当发生鬼伞时，要降低料温，并浇注5%石灰水，控制鬼伞发展。

第二节　食用菌主要虫害的识别及防治

为害食用菌的害虫一般有昆虫、线虫、螨类及软体动物，虫害以春、秋两季发生最重，影响食用菌的产量和品质，严重的造成绝收。食用菌的菌丝和幼嫩的子实体易受害虫侵袭。食用菌一旦发生虫害，往往比较难处理，而且损失已经造成。因此，食用菌虫害的综合防治更强调预防为主、防重于治的原则，并尽量采用农业防治措施，减少化学药剂的使用，以避免对食用菌产生药害和造成污染。

一、子实体阶段常见虫害的识别与防治

为害食用菌的害虫常见的有眼菌蚊、菇蝇、跳虫等，此外，螨类、蛞蝓等也能咬食食用菌的菌丝或子实体，为害较重的是眼菌蚊和螨类。

（一）蚊蝇类

蚊蝇类别名菇蝇、菇蛆。为害平菇、凤尾菇、双孢蘑菇、木耳、银耳、香菇、猴头菇等多种食用菌。常见的蚊类有眼菌蚊、小菌蚊和菇蚊3种；幼虫多呈乳白或灰白色，似蛆，头黑色。

1. 为害症状

咬食菌丝体，还可从子实体基部钻蛀，并伴有难闻腥臭味；成虫似蚊，飞行强，产卵，传播杂菌，不直接为害子实体，趋光、湿、糖。

2. 防治方法

①阻断虫源。菇房的门窗、通气孔等安装60目窗纱，随手关门。

②减少虫源。及时清除废料，并作肥料或饲料处理；培养料用3%~5%生石灰水浸泡，堆积发酵或热力灭菌。菇房使用前后要彻底熏蒸消毒。菇房或菇场周围也要讲究卫生，定期药物灭虫。

③诱杀。在菇房内安装黑光灯或白炽灯，在灯下放一盆100倍的敌百

虫（美曲膦酯）药液；将麦麸炒至有香味，然后用糖、醋、敌百虫和水搅拌，药剂浓度100~200倍液，糖醋用量至有明显的糖醋味，每个菇房可放置数盆。诱杀只能杀灭成虫，对幼虫无效。

④药剂防治。不同时期采用不同的药剂进行防治。出菇前有菌蛆大量发生，可用喷有800倍敌敌畏药液的报纸覆盖培养料进行熏蒸，24小时后揭除；出菇后有菌蛆为害时，药物防治必须先将菇采净，然后用500~800倍液敌百虫或用5%锐劲特（苯基吡唑类杀虫剂）1 500倍液喷雾料面并盖好。加强通风，偏干管理，10天之内不可出菇，10天后再行催蕾，以消除农药在子实体中的残留。在采完一潮菇后，可用0.6%敌敌畏、0.1%鱼藤酮、2.5%溴氰菊酯或20%杀灭菊酯乳剂2 000~3 000倍液喷洒菇房四壁、地面。药物喷洒防治对成虫和幼虫均有效。

（二）螨类

食用菌螨虫也称菌虱、菌蜘蛛、菇螨，为害香菇、双孢蘑菇、木耳、银耳、平菇等多种食用菌，是食用菌有害动物的主要类群。

1. 为害症状

螨类主要以若螨或成螨直接取食菌丝和子实体，造成菌丝不萌发或萌发后出现退菌现象，使培养料变黑腐烂、菌丝萎缩；子实体出现不规则的褐色凹陷斑点、枯萎。若为害菇（耳）根，可影响出菇（耳），造成子实体腐烂和畸形，有的还可造成病害的传播。堆放不当的培养料也常发生螨害而不能使用。为害菌种时稍不注意，会造成毁灭性灾害。

2. 防治方法

（1）菌种要求

引种时避免菌种带螨。

（2）生产场地保持清洁卫生

制种室和栽培场所要远离鸡舍、畜棚等常有螨类为害和活动的场所。栽培前15~20天，要清除菇房内的一切杂物及栽培过食用菌的残留物，打开菇房所有门窗，通风干燥房间，创造出不利于螨虫生存的环境，在出菇前或采菇后料面用1.8%阿维菌素乳油3 000~4 000倍液或73%克螨特乳油2 000~3 000倍液喷洒。

（3）培养料的处理

培养料用3%~5%生石灰水浸泡，堆积发酵，常压或高压灭菌，以杀死螨虫。

（4）诱　杀

①菜籽饼诱杀。在菇螨为害的料面上铺若干块湿布，湿布上再铺上纱布，把刚炒香的菜籽饼撒在纱布上，待螨虫聚集到纱布的菜籽饼粉上时，将纱布取下置开水中片刻即可杀死螨虫。

②猪骨头诱杀。将新鲜的猪骨头均匀摆放在菇螨为害的床面上，相间排放。待螨虫群集其上时，将骨头置开水中片刻即可杀死蟥虫。反复进行几次，直到床面上无螨虫为止。

③青烟叶诱杀。把新鲜的青烟叶均匀铺在菇螨为害的床面上，待烟叶上诱集较多的菇螨后，轻轻取下，用开水将其烫死。反复诱杀，直到杀完为止。

④糖醋药液诱杀，用500克醋酸对水500克，加50克蔗糖，滴入数滴敌敌畏拌匀后用纱布浸糖醋液，然后把纱布铺在菇床面上，待螨虫诱集后，取下烫死，重浸糖醋液可反复使用。

（5）药剂处理

①喷药杀螨。发菌期间如发现菌丝有萎缩现象，需用放大镜仔细检查，发现菌螨后及时杀灭，喷药宜在室温较高时进行。此时，螨虫多集中在料面，用0.5%敌敌畏全面喷洒料面、床面、墙壁及地面，密闭熏蒸18小时；如仍有螨虫，需菇床及四周再喷一次敌敌畏，但每次用药量不宜过大，一般450克/平方米，至多喷2~3次，以免引起药害。也可选用菊乐合酯1 500倍液、克螨特500倍液喷雾杀螨，或用洗衣粉400倍液连续喷雾2~3次，杀螨效果较好。

②熏蒸杀螨。将蘸有敌敌畏的棉团，放在菇床上，每隔60~80厘米处放置3团，呈“品”字形排列，并在菇床培养料上盖一张塑料薄膜或湿纱布。害螨嗅到药味，迅速从料内钻出爬到塑料薄膜或湿纱布上，然后取下集满害螨的薄膜或湿纱布，放在热水中将害螨烫死。

（三）跳虫类

跳虫密集时形似烟灰，又称烟灰虫。为害食用菌的跳虫有数种，常见的有角跳虫、黑角跳虫、黑扁跳虫、姬圆跳虫等。无翅，似跳蚤，能爬善跳，聚集时似烟灰，趋阴暗潮湿，不怕水。

1. 为害症状

跳虫多发生在培养料上，常密集在菇床表面上或阴暗潮湿处，咬食子实体，造成小洞，并携带、传播杂菌。跳虫繁殖很快。大发生时，大量跳虫云集于菌柄菌盖交界处，侵害菌褶，一旦受惊，跳虫将跳离菇体，躲入潮湿阴暗的角落。

2. 防治方法

跳虫在腐殖质多、经常灌溉的田间，自然密度大，特别是原为菜地的栽培场所极易发生为害。因其体壁外覆蜡层，个体小易隐蔽，出菇期一旦发生，很难除治。因此重点应在预防。

（1）清洁卫生，消灭虫源

①彻底清除制种场所和栽培场所内外的垃圾，尤其不要有积水，防止跳虫的滋生。

②菇房用前要晾晒、干燥、杀虫处理。要及早除治，用 200~300 倍液敌百虫液喷洒土壤两次，间隔 3~5 天，并将菇房和菇场周围的土壤进行灭虫处理，以防菇房外虫源的侵入。

（2）诱杀法

①跳虫有喜水的习性，可用小盆盛清水，放于发生跳虫的地方，连续几次，将会大大减少虫口密度。

②用稀释 1 000 倍的 90% 敌百虫或 1 000 倍液的敌敌畏加入少量蜂蜜盛于盆中，分散放在菇床上诱杀，此法效果好，无残毒。同时还可以杀灭其他害虫。

（3）药物防治

出菇期防治时，先将菇全部采净，然后喷水，有条件的还可灌水，使土表和培养料表面潮湿，以此吸引跳虫到表面为害，同时灌水还能将隐蔽在土缝中的跳虫赶至地面，然后施药。药物除治时要注意料底和土壤也要喷药充足，药物可选用 500 倍液敌百虫、800 倍液鱼藤酮、150~200 倍液除虫菊酯等杀虫剂。

（四）蛞蝓

蛞蝓俗称鼻涕虫，是一种软体动物。虫体柔软，裸露，无保护外壳。

1. 为害症状

为害食用菌的有野蛞蝓、双线嗜黏液蛞蝓、黄蛞蝓等几种。各种食用菌均会受害，以平菇、草菇、双孢蘑菇、香菇、木耳及银耳受害较重。蛞蝓生活在阴暗潮湿处，昼伏夜出，取食子实体，所爬之处留下一条白色黏滞带痕迹。

2. 防治方法

（1）彻底清除虫源

栽培场所使用前清除枯枝落叶、砖瓦石块和枯草等。撒石灰或草木灰，要保持清洁，不给蛞蝓留下藏身之处。

（2）人工捕捉

根据蛞蝓昼伏夜出、晴伏雨出，夜晚或阴雨天为害菇体的规律，21：00~23：00是蛞蝓集中活动的时间，可进行人工捕捉。

（3）诱杀

常用的药物是聚乙醛、砷酸钙、砒酸钙等常与油菜籽饼、豆饼、棉籽饼、麸皮等混合制成毒饵诱杀。

①聚乙醛300克、糖500克混合均匀后，加5%砷酸钙300克混合均匀后，加入4千克豆饼粉，再加入适量水（以手握成团为宜），制成毒饵，傍晚撒于地面，用量为800克/平方米。

②砒酸钙1份，土10份，拌成毒土，傍晚撒于地面，用量为40克/平方米。

（4）药物喷洒

① 2%石灰水、20%硫酸铜、5%来苏水等量混合，在蛞蝓经常出入的地方喷洒，效果良好。

②用5%食盐水或5%碱水滴杀。

③用1份漂白粉加10份石灰粉混匀撒在蛞蝓经常活动的地方，时常用石灰粉处理地面和料面以触杀蛞蝓。

（五）线　虫

1. 为害症状

线虫体形细长（长约 1 毫米，粗 0.03~0.09 毫米），虫体极细小，在显微镜下才能观察到。幼虫透明乳白色，似菌丝，成熟时体壁可呈棕色或褐色。线虫为害处极易招致细菌生长，使培养料变黑、黏湿，有刺鼻的腐臭味；所有食用菌均会受害，发出特殊的腥臭味。现蕾期受害，菇盖中央先变黄，渐及整个菇蕾。幼蕾期受害，菇体畸形，柄长，盖小，整个菇体呈软腐。子实体受害时，从菌柄到菌盖颜色由浅变深，软腐呈水渍状，黄褐色，最后枯萎。

2. 防治方法

①搞好出菇室卫生，并控制好环境条件。出菇期间要加强通风，防止菇房闷热、潮湿。消灭各种媒介害虫，防止线虫传播。

②培养料的处理。培养料用 3%~5% 生石灰水浸泡，堆积发酵，常压或高压灭菌。控制好培养料的含水量，防止培养料过湿。

③覆土材料处理。覆土最好进行巴氏消毒，也可在使用前一周用农药熏蒸。

④水源洁净。线虫无处不有，在干燥基质上呈“休眠”状态，耐旱力长达 3 年。不清洁的水是线虫的主要来源。拌料和管理用水要洁净。

⑤出菇期防治。如发现菇床局部受线虫侵害，应先将病区周围划沟，与未发病部分隔离；然后病区停水，使其干燥，也可用 1% 的醋酸或 25% 的米醋喷洒。

二、食用菌病害的善后处理

在食用菌生产中，不可避免地会发生某些杂菌污染，对污染菌袋（瓶）的处理，是一项关系本批生产结果以及环境的问题。应根据不同的杂菌品种和季节采取不同的处理方式。

（一）污染菌袋的处理

1. 对链孢霉污染菌袋的处理

链孢霉主要以分生孢子传播，是高温季节发生的重要杂菌。链孢霉菌丝顽强有力，有快速繁殖的特性。一旦大发生，便是灭顶之灾，其后果是菌种、培养袋或培养块成批报废，并对下茬生产带来潜在威胁。

（1）预防措施

加强预防措施，从源头上杜绝其发生。除了应搞好环境卫生、培养料彻底灭菌和严格按无菌操作规程外，注意菇房通风、降湿、降温。

（2）早期处理

早发现早处理，防止扩散。接种后的菌袋在 3 天后即可例行检查，一旦发现链孢霉菌袋，立即用 0.1% 高锰酸钾浸湿的双层纱布包裹污染菌袋，放入空的塑料袋中，扎口后带出棚外，在远离生产场地 100 米外的地方焚烧或者深埋，防止分生孢子扩散造成再次感染。

（3）发病后技术处理

①菌袋发菌初期受侵染，菌种瓶或栽培袋内出现链孢霉菌时，应在分生孢子形成前用 0.1% 煤酚皂溶液蘸湿的纱布包住瓶口销毁；已出现橘红色斑块时，可向染菌部位用 5% 可湿性甲基托布津液或 500 倍甲醛稀释液注射，或在分生孢子团上滴上煤油、柴油等，即可控制蔓延；发菌后期受害，将受害菌袋埋入深 30~40 厘米透气差的土壤中，经 10~20 天缺氧处理后，可有效减轻为害，菌袋仍会出菇。

②发现袋口有橘红色链孢霉孢子团时，千万不要对其直接喷药，防止其孢子借助喷雾气流四处散发，而形成扩散性污染，一旦扩散、蔓延，后果不堪设想。处理方法一是用塑料袋自上而下轻轻套住污染袋，慢慢移出培养室，均不可随便移动，以防孢子扩散；二是将废布浸透柴油或机油，将污染菌袋轻轻包住，之后再移出培养室。

③发生链孢霉污染的菇房用 0.1%~0.2% 多菌灵药液消毒；床面出现链孢霉时，可用石灰粉，撒在被感染部位，并用 0.1% 高锰酸钾溶液浸纱布或报纸覆盖，防止孢子扩散。菇房内不能用扫帚扫地，清理卫生时宜用带水拖布进行擦洗，最好能单独对配药物擦洗，以强化杀菌效果。

2. 对木霉等其他真菌污染菌袋的处理

①对小斑点性、斑块性污染，可采用注射药物予以杀灭，详见本书相关内容。即使是菌种袋，只要杀死霉菌，虽然该袋不可做菌种使用，但仍可利用其出菇。

②对大块性污染，也可将500倍甲醛液或5%可湿性甲基托布津液，用注射器注入感染部位后用胶布封住针孔，可控制为害。对成片性初发污染，可采用药物洗涤或浸泡的方式，然后单独发菌。

注射药物或药物浸泡应根据污染发生的时间及程度确定浓度及用药量，如其菌丝深入料内数厘米时，必须相应提高浓度并加大用药量。

③对发现偏晚、污染严重的菌袋，使用药物已无济于事，可作废料处理。

3. 处理污染菌袋应注意的问题

①无论污染程度如何，一定要移出培养室，单独处理，不可同室操作。

②低温季节（如气温低于4℃以下），可将药物处理后的菌袋置于棚外单独发菌，一般该温度下，木霉等不再发展，并由于药物的作用，使之失去活性，待气温回升或置于棚内时，食用菌菌丝仍可继续生长。

③生产中一旦发现毛霉污染，应迅速移出培养室，需使用药物浸洗菌袋，待药液被吸收后，再撒石灰粉覆盖，然后作废料处理。

（二）染病子实体及菌袋的处理

1. 真菌性病害

如果发现较早，可摘除子实体，并采取深埋、焚烧等措施，注意不要随意乱丢。同时加强通风，对病区菌袋用克霉灵等药物杀灭料表面病菌。

2. 细菌性病害

对感病子实体应及时摘除，并及时深埋或焚烧处理。在被害初发阶段，可将病菇用水煮烫后作猪或水产养殖的饲料，已发臭味的尽量不用。对病区菌袋喷洒适量的杀菌剂后，继续下潮菇的管理。对感病严重的菌袋作报废处理。

（三）菌糠的处理

①未感病的菌糠，可直接作为有机肥料的原料，如以灵芝、白灵菇、金针菇等菌糠为原料生产的有机无机复混肥，在生产中应用效果很好。

②感病较轻或出菇时间短的菌糠，需用适当的药物处理后，方可作有

机肥料或生物有机肥料的原料。

③感病较重的菌糠，需使用生物菌种发酵处理，才能作有机肥料或生物有机肥料的原料。处理方法：菌糠 1 000 千克，过磷酸钙 100 千克，尿素 50 千克（或碳酸氢铵 140 千克），石骨 20 千克，干牛粪 200 千克，麦麸子 10 千克，淀粉 5 千克，调含水量 50%，生物菌种 10 千克。充分拌匀后，建堆发酵，每天翻堆 1 次，10 天后即可作为优质基肥或追肥。

（四）发病后栽培场所的处理

1. 菇棚内的处理

①药物处理。菌袋入棚前，根据菇棚使用时间长短及上一季生产发病情况，使用杀菌剂喷洒消毒，尤其是进出口、通风口、木质立杆及棚顶等处须严格喷洒，不留任何死角；也可用甲醛、高锰酸钾混合熏蒸。菌袋入棚后的发菌期间，除注意通风外，每 5 天左右喷 1 次杀菌剂，喷洒的部位为地面空闲处、作业道、墙体及进出口、通风口等，空间基本不喷药，不对菌袋直接用药，更不可对子实体直接喷药。栽培结束后及时清除废料，并根据生产计划整好畦床，喷洒或浇灌一次辛硫磷后，密闭菇棚，两天后即可启用。

②客土法。先将棚内地面 0.5~1 厘米土层清出棚外，将棚内按每平方米 300 克用量，均匀撒石灰粉，从棚外远离栽培区、相对杂菌病害较少的地块上取土，均匀撒铺一层。覆土处理后，即可移入菌袋进行正常管理。

③暴晒法。将棚内地面整平或作好菌畦，棚膜覆严，堵塞通风口后，喷洒杀菌剂，选择晴天，揭去棚膜，进行暴晒。利用阳光中的紫外线杀菌，药物分子在高温下比较活跃，杀菌能力强，两相结合，棚内在表面的杂菌、病原菌基本可被杀死或被抑制。该法可节省人力、物力，生产应用效果十分明显。

2. 菇棚外的处理

①清理环境卫生，棚外 100 米内的环境包括杂草都要清除。

②菇棚周围环境清洁，原料仓库、菇房、配料场应与菇棚保持一定距离，尽量清除污染源。对畜舍禽棚、垃圾场、废料堆等必须做好日常的卫生清洁和定期消毒。

③在彻底清理的基础上，至少在30米范围内地毯式喷洒500倍25%多菌灵或25%硫磺混合配置而成的可湿性粉剂，次日再撒施石灰粉。

三、病虫害的综合防治

因食用菌为特殊食品以及对农药的高度敏感性和选择性，加之受国际市场影响，各地都大力发展无公害绿色安全产品，对一些常用的农药做了严格控制。所以在栽培中，要遵循“以农业防治为主，合理配以生物物理方法，以化学防治为补救措施”的综合防治方针，各种防治方法的优势互补，对食用菌的优质高产，具有非常重要的意义。

（一）防治原则

预防为主，综合防治（农业、物理、化学、生物等防治技术），治早。在防治上以选用抗病虫品种，合理的栽培管理措施为基础，选择一些经济有效的防治方法，综合利用，组成一个较完整的防治系统。

1. 预防为主，综合防治的原则

①选场建厂和设计要合理。菌种厂应远离仓库、饲养场。装料间、灭菌间和接种间建筑设计要合理，灭好菌的菌袋要能直接进入接种间，以减少污染的机会。接种室、培养室要经常打扫，进行消毒。要定期检查，发现有污染的菌袋立即处理，不可乱丢。出厂的菌种要保证没有污染，不带病虫。栽培场引进菌种时要注意防止带入病虫害。

②远离传染源，搞好环境卫生。在生产前，对菇场进行彻底清理，清除害虫滋生场所。对出菇废袋、草堆垃圾、堆肥及一切有机废弃物，进行集中烧毁或运走，并铲除杂草。废料须经过高温堆肥处理方可使用。栽培室的门窗和通风洞口要装纱网，以防害虫飞入；露地栽培时要清除栽培场的残株及附近的枯枝落叶及砖石瓦块。必要时场地还要进行杀虫处理。

③把好菌种质量关。选用适合当时当地的优质菌种，菌丝健壮不老化、纯净、无污染。母种传代不要过3代，栽培用的菌种要求高产、优质，菌种生活能力旺盛，具有较强的抗逆性。

④及时清除残菇。采菇后要彻底清理料面，将菇根、烂菇及被害菇蕾

摘除捡出，集中深埋或烧掉，不可随意扔放。

2. 农业防治

①合理轮作。不同菇类，或同一菇类的不同品种之间，能产生具有相互拮抗作用的代谢产物，对病虫害及杂菌有一定的抑制和杀灭作用。进行合理轮作，能起到较好的预防效果；有条件的可以每年更换新棚，防杂效果更佳。

②合理调节温、湿、气三者关系。温度、湿度、氧气是影响各种食用菌质量优劣、产量高低的重要环境因子，三者要统筹兼顾。不同的食用菌对其生长发育的条件有不同的要求，要按照各种食用菌的要求进行科学的管理，使整个环境适合食用菌的生长而不利于病原菌和害虫的繁殖生长。当食用菌生长健壮时，也可抑制病原菌和害虫的繁殖生长，即所谓促菇抑虫抑病。

3. 慎重用药

食用菌栽培不提倡使用药剂，尤其是在出菇期。食用菌栽培周期短，又直接食用，农药极易残留在子实体内，对人体健康不利。在栽培过程中，所选用药物的种类必须符合国家的有关标准，杜绝使用高毒高残农药，用药的浓度、剂量、次数、安全间隔期必须在安全指标范围内，有菇在床时严禁用药。

①在出菇期间，农药沾染在菇体上，会造成食品污染。现在世界各国对食品中的残留农药检验都非常严格，农药残留会影响产品的质量和市场竞争能力。

②应选用高效、低毒、低残留的药剂，并根据防治对象选择药剂种类和浓度。如敌敌畏具熏杀和触杀作用，对菇蝇类的成虫、幼虫以及跳虫有特效，但对螨类杀伤力差；辛硫磷是种新型高效、低毒、低残留的有机磷杀虫剂，除对菇蝇、跳虫有特效外，对螨类亦有良好的触杀作用，药效优于敌敌畏；若用辛硫磷加杀螨剂防治螨类，则效果优于其他农药。施药要选择合适浓度，辛硫磷加杀螨剂，从堆肥到出菇期前各用 500 倍液防螨，但子实体发育阶段浓度应降到 1 000 倍液。

③应熟悉农药性质，尽可能使用植物源杀虫剂和微生态制剂，如除虫菊、鱼藤酮、增产菌等制剂。忌滥用农药，有时会在覆土层或培养料表面形成一层有毒物质，影响菌丝生长，造成减产。

④保护天敌，尽可能使用植物源杀虫剂和微生态制剂，除虫菊、鱼藤酮、增产菌等制剂。

（二）防治措施

1. 农业防治

①搞好环境卫生，杜绝虫源、菌源。接种室、培养室要有专人负责打扫、消毒、定期检查，发现有污染的菌袋立即处理，不可随地乱丢。菇房在栽培食用菌前要彻底清扫干净，并用800倍的敌百虫或敌敌畏溶液均匀喷一遍。室外栽培食用菌，要清除栽培场地周围的杂草，并用250倍的敌百虫溶液喷洒栽培场地。发现病菇、虫菇要及时销毁或深埋，不可丢在菇房边。

②选择优良菌种。对优良菌种除要求高产、优质、抗逆性强外，还要纯度高、无病虫感染且菌龄适宜。针对不同的生产季节进行不同温型品种配套。菌种的来源要正，严格控制扩繁的代数。

③选用合适的原辅材料。选用无霉变无虫害的新鲜原辅材料，调适培养料的营养成分，特别是碳氮比、pH值、水分等，做好培养料的发酵、灭菌等前处理工作，生料或发酵料栽培可在栽培料中加入0.1%多菌灵或0.1%甲基托布津等杀菌剂。形成适合于食用菌菌丝生长，且能有效抑制杂菌发生的基质环境。

④确定适宜的播种期。要根据当地的气候条件及食用菌的需温特性，选择适宜的播种期，避免不良环境条件影响而诱发某些病害。

⑤创造适宜生长的环境条件。栽培管理过程中，可采取通风、控水、遮光等措施，创造一个有利于食用菌生长而不利于杂菌生长的环境条件，以达到控制病害污染的目的。

⑥注意合理轮作换潮。

2. 物理防治

①栽培环境设置防虫网。室内栽培食用菌要将门窗、通风孔等用60目的细纱网钉上，防止菇蝇、菇蚊等成虫入室为害。

②培养料的处理。利用臭氧杀菌（在菌袋生产、菇房处理上应用）、紫外线、太阳光暴晒、流水冲洗、热力处理（如高温消毒、巴氏消毒技术）等。

③利用害虫的习性进行防治。菌蚊幼虫有吐丝群居为害习性，对这些

可人工捕捉；瘿蚊虫体小，怕干燥，将发生虫害的菌袋在阳光下暴晒1~2小时或撒石灰，使虫干燥而死；有些鳞翅目的害虫幼虫老熟后个体大，可随时捕捉消灭；菇蝇、菇蚊等成虫具有趋光性，利用这一习性设置黑光灯或日光灯，灯下放一装有0.1%敌敌畏的水盆诱杀，或在强光处挂粘虫板，板上涂40%聚丙烯粘胶，有效期可达2个月；在菌床上铺一层带有炒熟的菜籽饼粉的纱布诱杀螨虫。螨类闻到香味后便会聚集于纱布上取食，再将纱布连同螨虫一起放入沸水中浸烫。

3. 生物防治

生物防治方法是以保护、繁殖和利用天敌、有益微生物、农用抗生素及其他生物防治剂等控制食用菌病虫的一种方法。在未来的食用菌病虫害防治中有广泛的应用前景。

①细菌制剂。苏云金芽孢杆菌可防治螨类、蝇蚊、线虫。

②植物制剂。鱼藤酮、烟草浸出液对多种食用菌害虫具有较好的防治效果。

③抗生素类药剂。链霉素、金霉素防治食用菌细菌性病害，效果理想。

4. 化学药剂防治

①喷敌百虫500倍液杀菇蚊。

②敌敌畏喷或熏。杀菇蝇类的成虫、幼虫和跳虫有特效（平菇对敌敌畏很敏感，改用敌百虫或辛硫磷，双孢蘑菇对敌百虫敏感，最好用敌敌畏）。

③辛硫磷和杀螨剂混配，在跳虫和螨类同时发生时使用效果好。

④杀真菌药剂。多采用多菌灵、托布津、苯菌灵、克霉唑、石硫合剂、波尔多液等杀菌剂。但要注意在食用菌栽培的不同阶段，其浓度、剂量都应按规定用量选用，防止发生药害；同时，多种药剂交替使用，以免产生抗药性。

⑤杀细菌药剂。漂白粉是防治细菌性病害最常用的药剂，使用浓度为1%，也可用0.25%~0.3%甲醛溶液或1∶500多菌灵溶液喷洒。

第三节 食用菌主要病虫害的综合防治

我国食用菌栽培发展很快，病虫害的种类和数量也随之增加，必须加强病虫害防治。食用菌生产虽与大田作物差别较大，但病虫害也要实行综合防治。食用菌病虫害的综合防治更要强调预防的重要性，落实各项预防措施，尽量采用农业防治手段，少用或不用农药。“防”就是采取各种措施，把病虫害控制在发生为害之前，使其不造成损失或少造成损失；“治”就是在病虫害发生以后，采取有效措施，把它们控制在最低的为害程度。常用的防治手段有：选用抗病害能力强的菌株、环境卫生控制、物理机械防治法、化学药剂防治法、生物防治法等。坚持“以预防为主、综合防治”的方针才能有效地控制病虫害。

一、环境卫生控制

保持食用菌生产环境的卫生，可以减少病菌和虫害的滋生蔓延，这是做好病虫害防治工作的基础。主要措施如下。

贮藏室、堆料场、接种室、操作间、菇房、耳棚等食药用菌生产场所尽量远离仓库、饲料棚、鸡舍、畜舍等，并要对它们定期消毒及做好日常的清洁卫生工作。

在晒料前、堆料中、进料前后及拆料前等重要阶段，对菇房和场地应彻底消毒。

栽培食药用菌的各种工具、器械在使用前要进行消毒，使用后及时清洗。

培养料堆制时，可拌入农药防治害虫和病原菌。

病虫害一旦发生，应迅速杀灭。对病菇、病原污染的培养料应集中深埋或烧掉；对虫区、病区要进行消毒，工作人员进出感病菇房，要更换衣服，并将手洗净避免人为传播。

选场建厂和设计要合理。生产场地应远离仓库、饲养场。装料间、灭菌锅和接种间建筑设计要合理，灭好菌的菌种袋或菌种瓶要能直接进入接种间，以减少污染的机会。接种室、培养室要经常打扫，进行消毒。要定期检查，发现有污染的菌种立即处理，不可乱丢。出厂的菌种要保证没有污染，不带病虫进入栽培场，引进菌种时要注意防止带入病虫害。

二、生物防治

不同的食用菌对其生长发育的条件有不同的要求，要按照各种食用菌的要求对温度、湿度、水分、光线、酸碱度、营养、氧气与二氧化碳等进行科学的管理，使整个环境适合食用菌的生长而不利于病原菌和害虫的繁殖生长。当食用菌生长健壮时，也可抑制病原菌和害虫的繁殖生长，即所谓促菇抑虫抑病。例如，培养料要选用新鲜无霉变的原料，配比要合理，按要求堆制，使堆制好的培养料不带病菌和害虫；选育抗性强的食用菌菌株。利用微生物防治病虫害、利用天敌昆虫防治害虫、利用蜘蛛治虫等。还可用青霉素和链霉素等兽用抗生素来防治食用菌局部细菌感染等。有些害虫有着特殊的习性，如菌蚊有吐丝的习性，该虫的幼虫吐丝，用丝将菇蕾罩住，在网内群居为害，对这些害虫可人工捕捉；瘿蚊有幼体繁殖的习性，一头幼虫从体内繁殖 20 多头小幼虫，瘿蚊虫体小、怕干燥，将发生虫害的菌袋在阳光下暴晒 1~2 小时，或撒石灰粉，幼虫因干燥而死，可降低虫口密度，跳虫有喜水的习性，对于发生跳虫的菇块可以用水诱集后消灭；另外，还有些鳞翅目的幼虫老熟后个体很大，颜色鲜艳，在采菇和管理中很易发现，可以随时捕捉消灭。对落在亮处的害虫要随时拍打捕杀。有的幼虫留下爬行痕迹要注意沿痕迹寻找捕捉。应用昆虫寄生性线虫防治食用菌害虫，是食用菌害虫生物防治的理想措施。食用菌害虫的种类多，其捕食性与寄生性天敌益虫也多，对天敌应注意调查，加以保护利用。

三、物理防治

利用各种物理因素来防治病虫害，称为物理防治法。

（一）高温法

昆虫、线虫和螨类约在 55℃时便死亡，真菌的菌丝和孢子在 65℃时即被杀死。利用这一原理，可用致死高温杀灭病原菌和害虫。

（二）低温法

一般害虫在8℃以下活动能力减弱，在0℃以下处于麻痹状态，如果长时间处于0℃以下，即被冻死。根据这一原理，可用致死低温杀灭害虫。如北方在冬季翻耕耳场、菇场的表面，冻死越冬害虫的卵、幼虫和蛹。

（三）水浸法

水浸法是一种简单易行的方法，使虫体浸于水中造成缺氧和促使原生质与细胞膜分离而致死。但必须注意栽培袋（块）无污染、无杂菌菌块，经2~3小时浸泡不会散，菌丝生长很好，否则水浸后菌块就散掉，虽然达到了消灭害虫的目的，但生产效益将受到损失。其操作方法是：瓶栽培的和袋栽培的可将水注入瓶、袋内，块栽的可将栽培块浸入水中压以重物，避免浮起，浸泡2~3小时，幼虫便会死亡漂浮，浸泡后的瓶、袋沥干水即放回原处。

四、诱杀防治

用菜籽饼诱杀螨类效果很好。在菇床上铺若干块纱布（分铺均匀），将刚炒好的菜籽饼粉撒一层在纱布上，待螨都聚集于纱布上，把纱布在浓石灰水里浸一下，螨便被杀死，连续几次诱杀效果可达90%以上。没菜籽饼、棉籽饼的地方用敌敌畏药液的棉球熏杀效果也不错，将蘸有50%敌敌畏的棉球，在菇床下每隔70厘米左右呈品字形排列放置，并在菇床培养料面盖上湿纱布，螨嗅到药味，都从料内钻出，粘到湿纱布上，然后将粘满螨的纱布在石灰水中浸泡，螨即死亡，反复几次效果很好。对蚊、蛾用黑光灯或节能灯诱杀，效果也好。方法是在灯下的水盆中放入0.1%敌敌畏，害虫落入盆中即被杀死。利用害虫的趋光性，在强灯光处挂粘虫板，粘虫板上涂40%聚丙烯黏胶，有效期可达2个月。此外，特别要注意消灭越冬成虫。

五、化学药剂防治

对食用菌不提倡用药剂防治病虫害。食用菌是真菌，食用菌的病害也多是致病真菌引起的，使用农药容易使食用菌产生药害。食用菌栽培周期短，尤其是在出菇期使用农药，农药极易残留在子实体内，直接食用对人类的健康不利。不少地方在拌培养料时加入定量的多菌灵，已使一些病原菌对多菌灵不敏感。现在一些发达国家已禁止在食用菌上使用多菌灵，我们也应纠正使用多菌灵的做法。

用药剂治虫是一种应急措施，不到万不得已时不得使用，用药前一定要将食用菌全部采完。菇房内发生眼蕈蚊、粪蚊可喷 500 倍敌百虫。如果瘿蚊大发生，喷 50 倍的辛硫磷，能收到一定的效果。跳虫为害严重时，喷 500 倍的敌敌畏效果很好，但要注意平菇对敌敌畏很敏感，浓度稍大就可能出现药害。

第六章　食用菌的储藏与加工

第一节　食用菌的保鲜

食用菌的保鲜加工是食用菌产业化生产链条中的一个重要组织环节，既是生产、流通、消费中不可缺的环节，又是为食用菌产业化提供扩大再生产和增加效益的基础。由于食用菌采收后，仍进行呼吸作用和酶生化反应，导致褐变、菌柄伸长、枯萎、软化、变色、发黏、自溶甚至腐烂变质等，严重影响食用菌的外观、品质和风味，失去食用价值和商品价值，造成经济损失，严重地制约了食用菌生产。为了减少损失，调节、丰富食用菌的市场供应，满足国内外市场的需要，提高食用菌产业的效益，大规模进行食用菌生产必须要对产品进行保鲜、贮存与加工。常用的保鲜方法有低温保鲜、低温速冻保鲜、气调保鲜、化学药剂保鲜、负离子保鲜、辐射保鲜方法。

一、低温保鲜

食用菌种类不同，低温储存温度也不相同，双孢蘑菇、香菇等大多数食用菌低温储存温度为0~5℃；草菇为高温型食用菌，其储存温度为10~15℃。

1. 低温保鲜的流程

鲜菇分级与精选→降湿→预冷→入库贮存。

①鲜菇分级与精选。根据客户的要求，通常按菌盖直径大小用白铁制成的分级筛进行筛分，或人工目测进行分选。剔除杂质、烂菇、死菇。

②降湿。可用脱水机排湿，也可自然晾晒排湿，使菇体含水量降至70%~80%。

③预冷。即在进冷库之前，让菇体热量散尽，使其接近贮存温度。预冷要根据各种鲜菇对贮存温度的要求，逐步降温冷却，直至贮存目的温度。

④入库贮存。排湿后的食用菌及时送入冷库保鲜，冷库温度在1~4℃，使菇体组织处于停止活动状态，相对湿度为70%~80%，定期通风换气。

2. 保鲜实例

以香菇低温保鲜技术为例。

①原料分级与精选。鲜菇要求菇形圆整，菇肉肥厚，卷边整齐，色泽深褐，菌盖直径在3.5厘米以上，菇体含水量低，无黏附杂物，无病虫感染。出口香菇通常采用三级制：大级菇（L）菇盖直径在55毫米以上；中级菇（M）菇盖直径在45~55毫米；小级菇（S）菇盖直径在38~45毫米。分级采用人工挑选或用分级圈进行机械分级，也可两者结合进行分级。在进行原料分级的同时，应剔除破损、脱柄、变色、有斑点、畸形及不合格的次劣菇，选好后应及时入库冷藏。有条件的地区可在冷库中进行分级和拣选，以确保鲜菇的质量。

②降湿处理。刚采收或采购的鲜香菇，其含水量一般在85%~95%，不符合低温储运保鲜的要求。因此，需要进行降湿处理，鲜菇因包装形式、冷藏时间的不同而有所差异。一般用作小包装的含水量掌握在80%~90%；用作大包装的含水量掌握在70%~80%；空运较为迅速，含水量可控制在85%以下；海运含水量大多控制在65%~70%。采用脱水机排湿，也可以采用晾晒排湿。机械排湿时，要注意控制温度和排风量。

③预冷、冷藏。将降湿后的鲜菇倒入塑料周转筐内，入库后按一定方式堆放，避免散堆。堆放时，货垛应距离墙壁30厘米以上，垛与垛之间、垛内各容器之间都应留有适当的空隙，以利库内空气流通、降温和保持库内温度分布均匀。垛顶与天棚或与冷风出口之间应留有80厘米的空间层，以防因离冷风口太近，引起鲜菇冻害。

④入库贮存。排湿后的鲜菇要及时送入冷藏库保鲜，冷藏库温度在1~4℃，储温越低，保鲜期越长，但不应降至0℃以下，以防引起冻害或不可逆的生理伤害。出入冷藏库时，要及时关闭库门，并尽量避免货物出入的次数过多。冷藏库空气相对湿度为75%~85%，如湿度过高，也可采用除湿器进行除湿。要注意通风换气，通常选在一天气温较低的时间进行，同时要结合开动制冷机械，以减缓库内温湿度的变化。

鲜菇起运前8~10小时，才可进行菇柄修剪工序。如提前进行剪柄，容易变黑，影响质量。因此在起运之前必须集中人力突击剪柄，菇柄的长度一般为2~3厘米，剪柄后纯菇率为85%左右，然后继续入库，待装起运。

二、速冻保鲜

低温速冻保鲜是指在低温（-40~-30℃）下，将保鲜物快速由常温降至-30℃以下贮存。这种技术能较好地保持食品原有的新鲜程度、色泽和营养成分，保鲜效果良好。

1. 食用菌速冻工艺

速冻保鲜的工艺流程为：原料选择→护色、漂洗→分级→热烫、冷却→精选修整→排盘冻结→挂冰衣→包装和冷藏

2. 保鲜实例

以双孢蘑菇的速冻保鲜方法为例。

①原料的准备和处理。选用菌盖完整，色泽正常，无严重机械损伤，无病虫害，菌柄切削平整，不带泥根的上等菇作为加工原料。

②护色、漂洗。先用0.03%焦亚硫酸钠液漂洗，捞出后稍沥干，再移入0.06%焦亚硫酸钠液浸泡2~3分钟进行护色，随即捞出，用清水漂洗30分钟，要求二氧化硫残留量不超过0.002%。

③分级。根据菌盖大小分级，小菇（S级）15~25毫米，中菇（M级）26~35毫米，大菇（L级）36~45毫米。由于热烫后菇体会缩小，原料选用径级可比以上标准大5毫米左右。

④热烫（杀青）、冷却。将双孢蘑菇按大小分别投入煮沸的0.3%柠檬酸液中，大、中、小三级菇的热烫时间分别为2.5分钟、2分钟和1.5分钟，以菇心熟透为度。热烫液火力要猛，pH值控制在3.5~4。热烫时不得使用铁、铜等工具及含铁量高的水，以免菇体变色。热烫后的菇体迅速盛于竹篓中，于3~5℃流水中冷却15~20分钟，使菇体温度降至10℃以下。

⑤精选修整。将菌柄过长，有斑点，有严重机械损伤，有泥根等不符合质量标准的菇拣出，经修整、冲洗后使用，将特大菇、缺陷菇切片作生产速冻菇片的原料加以利用，脱柄菇、脱盖菇、开伞菇应予以剔除。

⑥排盘、冻结。先将菇体表面附着水分沥干，单个散放薄铺于速冻盘

中，用沸水消毒过的毛巾擦干盘底积水，在3~4℃预冷20分钟，在-40~-37℃下进行冻结30~40分钟，冻品中心温度可达到-18℃。

⑦挂冰衣。将互相粘连的冻结双孢蘑菇轻轻敲击分开，使之成单个，立即放入小竹篓中，每篓约2千克，置2~5℃清水中，浸2~3秒，立即取出竹篓，倒出双孢蘑菇，使菇体表面迅速形成一层透明的、可防止双孢蘑菇干缩与变色的薄冰衣。水量以增重8%~10%为宜.

⑧包装。采用边挂冰衣、边装袋、边封口的办法，将冻结双孢蘑菇装入无毒塑料包装袋中，并随即装入双瓦楞纸箱，箱内衬有一层防潮纸。

⑨冷藏。冻品需较长时间保藏时，应藏于冷库内，冷库温度应稳定在-8℃，库温波动不超过±1℃，相对湿度95%~100%，波动不超过±5%，应避免与气味或腥味等挥发性强的冻品一同储存，贮存期为12~18个月。

其他食用菌如草菇、平菇等，也可根据各自的商品规格和相关要求，参照上述方法进行速冻贮存。

三、气调保鲜

气调保鲜就是通过人工控制环境中气体成分以及温度、湿度等因素，达到安全保鲜的目的。一般是降低空气中氧气的浓度，提高二氧化碳的浓度，再以低温贮存来控制菌体的生命活动。食用菌气调保鲜多采用塑料袋装保鲜法，用这样的方法保藏平菇，每袋放0.5千克，在室温下，可保鲜7天；金针菇在2~3℃下，可延长保鲜时间6~8天；草菇采用纸塑袋包装，并在袋上加钻4个微孔，置18~20℃可保存3~4天；香菇放入0~4℃可保鲜15~20天。

以气调贮存是现代较为先进有效的保藏技术。通常将气调分为自发气调、充气气调和抽真空保鲜。

1. 气调保鲜方法

①自发气调。一般选用0.08~0.16毫米厚的塑料袋，每袋装鲜菇1~2千克，装好后即封闭。由于薄膜袋内的鲜菇自身的呼吸作用，使氧气浓度下降，二氧化碳浓度上升，可达到好的保鲜效果。此种方法简单易行，但降氧速度慢，有时效果欠佳。

②充气气调。将菇体封闭入容器后，利用机械设备人为地控制贮存环境中的气体组成，使食用菌产品贮存期延长，贮存质量进一步提高。人工降低氧气浓度有多种方法，如充二氧化碳或充氮气法。充气气调贮存保鲜法效率高，但所需设备投资大，成本也高。

③抽真空保鲜。采用抽真空热合机，将鲜菇包装袋内的气抽出，造成一定的真空度，以抑制微生物的生长和繁殖。常用于金针菇鲜菇小包装，具体方法是将新采收的金针菇整理后，称重105克或205克，装入20微米厚的低密度聚乙烯薄膜袋，抽真空封口，将包装袋竖立放入专用筐或纸箱内，1~3℃低温冷藏，可保鲜13天左右。

2. 保鲜实例

以双孢蘑菇气调保鲜方法为例

气调保鲜的工艺流程为采摘→分选→预冷处理→气调贮存

（1）采　摘

一般在子实体七八分熟为好，采收时对采收用具、包装容器进行清洁消毒，并注意减少机械损伤。

（2）分　选

采后应进行拣选，去除杂质及表面损伤的产品，清洗后剪成平脚，如有菇色发黄或变褐，放入0.5%的柠檬酸溶液中漂洗10分钟，捞出后沥干。

（3）预冷处理

将双孢蘑菇迅速预冷，预冷温度控制在0~4℃。预冷可采用真空预冷或冷库预冷，真空预冷时间30分钟左右，冷库预冷时间15小时左右。

在冷库预冷同时用臭氧进行消毒，或采用装袋充臭氧消毒，臭氧浓度及时间应根据空间及产品数量计算确定。

（4）气调贮存

①自发气调。将双孢蘑菇装在0.04~0.06毫米厚的聚乙烯袋中，通过菇体自身呼吸造成袋内的低氧和高二氧化碳环境。包装袋不宜过大，一般以可盛装容量1~2千克为宜，在0℃下5天品质保持不变。

②充二氧化碳。将双孢蘑菇装在0.04~0.06毫米厚的聚乙烯袋中，充入氮气和二氧化碳，并使其分别保持在2%~4%和5%~10%，在0℃下可

抑制开伞和褐变。

③真空包装。将双孢蘑菇装在0.06~0.08毫米厚的聚乙烯袋中，抽真空降低氧气含量，0℃条件下可保鲜7天。

四、化学药剂保鲜

采用符合食品卫生标准的化学药剂处理鲜菇，通过抑制鲜菇体内的酶活性和生理生化过程，改变菇体酸碱度，抑制或杀死微生物，隔绝空气等，以达到保鲜的目的。但使用化学药剂要慎之又慎。常用的化学药剂保鲜方法如下。

1. 米汤膜保鲜

熬取稀米汤，同时加入5%小苏打（碳酸氢钠）或1%纯碱，溶解搅拌均匀后冷却至室温。将采下的鲜菇浸入米汤碱液中。5分钟后捞出，置于阴凉干燥处。菇体表面即形成一层薄膜，既隔绝空气，减少水分蒸发，又抑制了酶的活性。可保鲜3天。

2. 盐水浸泡

将整理后的鲜菇在0.5%~0.8%食盐溶液中浸泡10~20分钟，根据品种、质地、大小等确定具体时间，捞出后装入塑料袋密封，在15℃下，可保鲜3~5天。此法护色和保鲜效果非常明显。

3. 保鲜液浸泡

将0.02%~0.05%浓度的抗坏血酸和0.01%~0.02%的柠檬酸配成保鲜液。把鲜菇体浸泡在此液中，10~20分钟后捞出沥干水分，装入非铁质容器内，可保鲜3~5天。用此方法菇体色泽如新，整菇率高。

4. 丁酰肼（B_9）保鲜

丁酰肼，是一种植物生长延缓剂，具有杀菌作用，用作干果树生长的抑制剂，能抑制植物疯长。根据鲜菇品种、质地及大小，配制0.003%~0.1%丁酰肼溶液，将鲜菇浸泡10~15分钟后，取出沥干，装袋密封，在室温下保鲜8天，能有效防止变褐，延长保鲜期。适用于双孢蘑菇、香菇、平菇、金针菇等菌类保鲜。

五、负离子保鲜

将刚采下的菇体不经洗涤，在室温下封入0.06毫米厚的聚乙烯薄膜袋中。在15~18℃下存放，每天用1×10^5个/立方厘米浓度的负离子处理1~2次，每次20~30分钟。经过处理的鲜菇可延长保鲜期和保鲜效果。

负离子对菇类有良好的保鲜作用。能抑制菇体的生化代谢过程，还能净化空气。负离子保鲜食用菌，成本低，操作简便，也不会残留有害物质。其中，产生的臭氧，遇到抗体便分解，不会集聚。因此，负离子贮存是食用菌保鲜中的一种有前途的方法。

六、辐射保鲜

辐射保鲜食用菌是一种成本低、处理规模大、见效显著的保鲜方法。用钴等放射源产生的Y射线照射后，可以抑制菇体酶活性，降低代谢强度，杀死有害微生物，达到保鲜效果。辐射保鲜是食用菌保鲜的新技术，与其他保鲜方法相比有许多优越性。如无化学残留物，能较好地保持菇体原有的新鲜状态，而且节约能源，加工效率高，可以连续作业，易于自动化生产等优点。但这种保鲜方法对环境设备的要求十分高，使用放射源要向有关单位申请，一般只有科研机构和规模化企业使用。

第二节 食用菌加工

食用菌加工是利用物理、化学或生物方法处理食用菌子实体或菌丝体，生产食用菌制品。它可以解决食用菌从生产到商品出售所存在的时间矛盾，提高食用菌的商品价值，延长保存时间，达到中长期保存的目的，并且还可以改善其风味和适口性，保持食用菌原有的营养药用价值，保证食用菌产品的周年供应。

食用菌主要的加工方法有干制加工（晒干、烘干、冻干、膨化干燥等）、腌制加工（盐渍、糟制、酱渍、糖醋、醋渍、酒渍等）、制罐加工、精细加工（蜜饯、糕点、米面、糖果、休闲食品等）、深度加工（饮料、浸膏、冲剂、调味品、美容化妆品等）和保健药品加工（保健酒、胶囊、口服液、多糖提取等）。

一、干制加工

食用菌的干制也称烘干、干燥、脱水等，它是在自然条件或人工控制条件下，促使新鲜食用菌子实体中水分蒸发的工艺过程，是一种被广泛采用的加工保存方法。适宜于脱水干燥的食用菌如香菇、草菇、黑木耳、银耳和竹荪等，干燥后不影响品质，香菇干制后风味反而超过鲜菇。但是有些菇如平菇、滑菇一般以鲜吃为好；金针菇、平菇等干制后，其风味、适口性变差。黑木耳和银耳主要以干制为主。经过干制的食用菌称为干品。干制品耐储藏，不易腐败变质，可长期保藏。干制对设备要求不高，技术不复杂，易掌握。食用菌干制方法有晒干、烘干和热风干燥等。

1. 晒干法

晒干是指利用太阳光的热能，使新鲜食用菌脱水干燥的方法。适用于竹荪、银耳、木耳等品种。该法的优点是不需设备，节省能源，简单易行。缺点是干燥时间长，风味较差，常受天气变化的制约，干燥度不足，易返潮。对于厚度较大、含水高的肉质菌类不太适合，很难晒至含水量13% 以下。适于小规模培育场的生产加工。

采用晒干法时，应选择阳光照射时间长，通风良好的地方，将鲜菇（耳）薄薄地撒摊在苇席或竹帘上，厚薄整理均匀、不重叠。如果是伞状菇，要将菌盖向上，菇柄向下。晒到半干时，进行翻动。翻动时伞状菇要将菌柄向上，这样有利于子实体均匀干燥。在晴朗天气，3~5 天便可晒干。晒干后装入塑料袋中，迅速密封后即可贮存。晒干所用时间越短，干制品质量越好。

木耳晒干法。选择耳片充分展开，耳根收缩，颜色变浅的黑木耳及时采摘。剔去渣质、杂物，按大小分级。选晴天，在通风透光良好的场地搭晒架，并铺上竹帘或晒席。将黑木耳薄薄地均匀撒摊在晒席上，在烈日下暴晒 1~2 天，用手轻轻翻动，干硬发脆，有哗哗响声为干。但需注意，在未干之前，不宜多翻动，以免形成“拳耳”；将晒干的耳片分级，及时装入无毒塑料袋，密封保藏于通风干燥处。

2. 烘干法

将鲜菇放在烘箱、烘笼或烤房中，用电、煤、柴作为热源，对易腐烂的鲜菇进行烘烤脱水的方法。

此法的特点是干燥速度快，可保存较多的干物质，相对地增加产品产量，同时在色、香、外形上均比晒干法提高 2~3 个等级。适于大规模生产和加工出口产品，烘干后产品的含水量在 10%~13%，较耐久储藏。

（1）烘箱干制法

烘箱操作时，将鲜菇摊放在烘筛上，伞形菇要菌盖向上，菌柄向下，非伞形菇要摊平。将摊好鲜菇的烘筛，放入烘箱搁牢，再在烘箱底部放进热源。烘烤温度不能太高，控制在 40~50℃为宜。若先把鲜菇晒至半干，再进行烘烤，既可缩短烘烤时间，节省能源，又能提高烘烤质量。

（2）烘房干制法

烘房干制法是指利用专门砌建的烘房进行食用菌脱水干燥的方法。一般菇进菇房前，应先将烘房温度预热到 40~50℃，进入菇房后要下降到30~35℃。晴天采收的菇较干，起始温度可适当高一些。随着菇的干燥程度不断提高，缓慢加温，最后加到 60℃左右，一般不超过 70℃。整个烘烤过程因食用菌种类的不同和采收时的干湿程度不同而异，一般需要烘烤6~14小时。在烘烤过程中必须注意通风换气，及时把水蒸气外逸出去。

烘烤时应采用正确的操作技术，否则会造成损失。以香菇为例，为使菇型圆整、菌盖卷边厚实、菇背色泽鲜黄、香味浓郁，必须把握好以下环节。

香菇送入烘房前，事先要按菇体大小、干湿程度的不同分别摊放在烘筛上。摊放香菇时，要使菌盖向上，铺放均匀互不重叠。烘筛上架时将鲜菇按大小、厚薄、朵形等整理分级：小菇放在下层，大菇放在上层，含水量低的放在下层，含水量高的放在上层。烘烤的温度，一般以30℃为起始点，每小时升高1~2℃，上升至60℃时，再下降到55℃。烘烤时，应及时将蒸发的水汽排出。至四五成干时，应逐朵翻转。香菇体积缩小后，应将上层菇并入下层筛中，再将鲜菇放入上层空筛中烘烤。香菇干燥所需的时间，小型菇为4~5小时，中型菇为5~10小时，大型菇为10~12小时。随着菇体内水分的蒸发，如烘房内通风不畅会造成湿度升高，会导致色泽灰褐，品质下降。要注意排湿、通风。

用手指甲掐压菇盖，感觉坚硬，稍有指甲痕迹；翻动时，发出哗哗响声；香味浓，色泽好，菌褶清晰不断裂。表明香菇已干，可出房，冷却，包装。

3. 热风干燥法

采用热风干燥机产生的干燥热气流过物体表面，干湿交换充分而迅速，高湿的气体及时排走。具有脱水速度快，脱水效率高，节省燃料，操作容易，干度均匀，菇体不变色、变质的特点，适宜大量加工。

热风干燥机用柴油作燃料，设有一个燃烧室和一个排烟管，将燃烧室点燃，打开风扇，验证箱内没有漏烟后，即可将食用菌烘筛放入箱内进行干燥脱水。干燥温度应掌握先低、后高、再低的曲线，可以通过调节风口大小来控制，干燥全过程需8~10小时。

以上几种干制技术都是间接干燥，即都是以空气为干热介质，热力不直接作用于加工制品上，造成很大的能源浪费。近年来，现代化的干燥设备和相应的干燥技术有了很大的发展，例如远红外技术、微波干燥、真空冷冻升华干燥、太阳能的利用、减压干燥等，这些新技术应用到食用菌的干燥上，具有干燥快、制品质量好等特点，是今后干制技术的发展方向。

二、腌制加工

腌制加工法是利用高浓度食盐所产生的高渗透压，使食用菌体内外所携带的微生物脱水处于生理干燥状态，原生质收缩，微生物无法生长繁殖，从而使菇类免受其害而能长期储藏。

1. 食用菌腌制方法

不同的腌制方法和不同的腌制液，可腌制出不同的产品、不同的口味。

①盐水腌制。利用盐水的高渗透来抑制微生物活动，避免在保藏期中因微生物活动而腐败，如盐水双孢蘑菇、盐水平菇、盐水金针菇和盐水香菇等。

②糟汁腌制。先配制糟汁，一般配方（以 1 000 克菇计）为：酒糟 2 克，蔗糖 80 克，食糖 250 克，食盐 180 克，味精 16 克，辣椒粉 8 克，35% 酒精 220 毫升，山梨酸钾 2.8 克。将上述各料混合均匀后备用。

将冷却后的菇体放入陶瓷容器中，撒一层糟汁腌制剂放一层菇体，依次重复一层糟汁一层菇地摆放下去，直到放完为止。糟汁腌制好后，每天翻动 1 次，7 天后腌制结束。糟制最好在低温下进行，因为高温下糟制微生物活动频繁，糟制品易腐败变质。

③酱汁腌制。先配制酱汁，腌制 1 000 克菇的酱汁配方为：豆酱 2 000 克，食醋 40 毫升，柠檬酸 0.2 克，蔗糖 400 克，味精 8 克，辣椒粉 4 克，山梨酸钾 3 克将上述各料充分混合备用。腌制时，操作方法与糟汁腌制法相同，也要在陶瓷容器中腌制，一层酱汁一层菇摆放。

④醋汁腌制。腌制 100 克食用菌的醋汁配方为：醋精 3 毫升，月桂叶 0.2 克，胡椒 1 克，石竹 1 克。将调料一并放入沸水中搅混，同时放入菇体，煮沸 4 分钟，然后取出菇体，装进陶瓷或搪瓷容器中，再注入煮沸过的、浓度为 15%~18% 的盐液，最后密封保存。

2. 食用菌腌制的工艺流程

选料→护色→漂洗→预煮（杀青）→冷却→腌制→分级包装。

下面以盐水腌制为例说明操作要点。

①原料菇的选择与处理。菇形圆整，肉质厚，含水分少，组织紧密，

菇色纯正，无泥根，无病虫害，无空心。双孢蘑菇要切除菇柄基部；平菇应把成丛的逐个分开，淘汰畸形菇，并将柄基部老化部分剪去；滑菇则要剪去硬根，保留嫩柄1~3厘米长。要求当天采收，当天加工，不能过夜。

②护色、漂洗。及时用0.5%~0.6%盐水洗去菇体的杂质，接着用0.005摩尔柠檬酸溶液（pH值为4.5）漂洗，防止菇体氧化变色。若用焦亚硫酸钠溶液漂洗，先用0.02%焦亚硫酸钠溶液漂洗干净，再用0.05%焦亚硫酸钠溶液浸泡10分钟，后用清水漂洗3~4次，使焦亚硫酸钠的残留量不得超过0.002%。

③预煮（杀青）。使用不锈钢锅或铝锅，加入5%~10%的盐水，烧至盐水沸腾后放经漂洗后的菇体，水与菇比例为10∶4，不宜过多，火力要猛，水温保持在98℃以上，并经常用木棍搅动、捞去泡沫。煮制时间依菇的种类和个体大小而定，掌握菇柄中心无夹生时立即捞出。杀青应掌握以菇体投入冷水中下沉为度，如漂起则煮的时间不足，一般双孢蘑菇需10~12分钟，平菇需6~8分钟。锅内盐水可连续使用5~6次，但用2~3次后，每次应适量补充食盐。

④冷却。煮制的菇体要及时在清水中冷却，以终止热处理，若冷却不透，容易变色、变质。一般用自来水冲淋或分缸轮流冷却。

⑤盐渍。容器要洗刷干净，消毒后用开水冲洗。冷却后的菇体沥去清水，按每100千克加25~30千克食盐的比例逐渍。缸内注入煮沸后冷却的饱和盐水。表面加盖帘，并压上卵石，使菇浸没在盐水内。

⑥翻缸（倒缸）。盐渍后3天内必须翻缸一次。以后5~7天翻缸一次。经常用波美比重计测盐水浓度，使其保持在23波美度左右，低了就应倒缸。缸口要用纱布和缸盖盖好。

⑦装桶。将浸渍好的菇体捞起，沥去盐水，5分钟后称重，装入专用塑料桶内，每桶按定量装入。然后注满新配制的23%盐水，用0.2%柠檬酸溶液调节pH值在3.5以下，最后加盖封存。此法可以保存1年左右。

食用时用清水脱盐，或柠檬酸液（pH值为4.5）中煮沸8分钟。

三、制罐加工

制罐加工也称罐藏食用菌，就是将新鲜的食用菌经过一定的预处理，装入特制的容器中，经过排气、密封和杀菌等工艺，使其能在较长时间内保藏的加工方法。用这种方法保藏的产品称食用菌罐头。

1. 食用菌罐藏的工艺流程

原料菇的选择与处理→护色与漂洗→预煮与冷却→修整与分级→装罐→排气→密封→杀菌→冷却→打印包装。

2. 食用菌罐藏技术要点

①原料菇的选择与处理。选择新鲜，无病虫害，色泽正常，无畸形，菇体完整、无破损的菇。用不锈钢刀将菌柄切削平整，柄长不超过 0.8 厘米。

②护色与漂洗。选好的食用菌倒入 0.03% 硫代硫酸钠溶液中，洗去泥沙、去质，捞出后再倒入加有适量维生素 C、维生素 E 的 0.1% 硫代硫酸钠溶液中。用流水漂洗干净，防止装罐后变质。

③预煮与冷却。先把水或 2% 食盐水烧开，将食用菌倒入沸水中预煮至熟而不烂，作用时间应视食用菌的品种和菇体大小而定，一般 8~10 分钟，不断消除上浮的泡沫。预煮后的原料菇立即放在冷水中冷却，时间以 30~40 分钟为宜。冷却时间不能过长，否则影响营养和风味。

④修整和分级。冷却后的原料菇要沥干水分，适当修整，并按大小分级。

⑤装罐。可根据生产工艺和市场需求选用适合的容器，一般选铁皮罐或玻璃瓶。按菇体的等级装罐，每罐不可装得太满，要距盖留 8~10 毫米的空隙，通常 500 克的空罐应加入食用菌 240~250 克，注入汤汁 180~185 克。汤汁配方为清水 97.5 千克、精盐 2.5 千克、柠檬酸 50 克，加热 90℃以上，用纱布过滤。注入汤汁时，温度不低于 70℃。

⑥排气。有两种方法，一种是原料菇装罐后不封盖，将罐头置于 86~90℃，8~15 分钟，排出罐内空气后封盖；另一种在真空室内抽气后，再封盖。

⑦密封。排气后用封罐机密封。

⑧杀菌。封罐后应尽快杀菌，高温短时间内杀菌，有利于保持产品的质量。食用菌罐头通常采用高压蒸气灭菌。不同食用菌和不同的罐号，杀菌的温度不同。如双孢蘑菇罐头灭菌温度为 113~121℃，时间 15~60 分钟；而草菇罐头灭菌需要 130℃。

⑨冷却。灭过菌的罐头要立即放入冷水中冷却到35~40℃，以防色泽、风味和组织结构遭受破坏。玻璃罐头瓶冷却时，水温应逐渐降低，以免罐头破裂。

⑩打印包装。经检查合格的罐头，要在盖上打印标记包装储藏。

四、深度加工

食用菌深度加工的原料可以是食用菌子实体、液体或固体培养的菌丝体，也可以是子实体下脚料，如双孢蘑菇、香菇、平菇、木耳、银耳、猴头菇、茯苓、灵芝、灰树花、蛹虫草等许多食用菌，都可加工开发。将干净的子实体或粉末或提取液，按成品要求加入米、面中，制成时令点心和滋补食品。以传统工艺制成各种糕饼、面粥，如香菇面包、八宝粥、双孢蘑菇挂面等；食用菌饮料主要有食用菌酒、食用菌汽水、食用菌可乐、食用菌冲剂、食用菌茶等，食用菌调味品主要有食用菌酱油、食用菌醋、麻辣酱、调味汁、方便汤料等。保健药品主要有灰树花多糖胶囊、多糖口服液、灵芝破壁孢子粉胶囊、灵芝切片保健茶、蛹虫草胶囊、灵芝虫草酒、天麻茶等。食用菌精深加工食品的研制成功，不仅为人们生活增添了新的美食及保健佳品，而且通过加工增值，可大大促进食用菌产业的发展，形成食用菌生产、产品加工、内销外贸一体化的产业化格局，为今后食用菌的生产开发提供了一条高效发展模式，使食用菌产业进入一个高层次发展水平，产生更大的效益。

1. 影响食用菌鲜度的因素

①温度。鲜菇的保鲜性能与其生理代谢活动关系密切。在一定的范围内，温度越高，鲜菇的生理代谢活动越强，物质消耗越多，保鲜效果越差。据试验，在一定温度范围内（5~35℃），温度每升高10℃，呼吸强度增大1~1.5倍。温度是影响食用菌保鲜的一个重要因素。

②水分与湿度。菇体水分直接影响鲜品的保鲜期。采摘食用菌鲜品前3天最好不要喷水，以降低菇体水分，延长保鲜期。另外，不同菇类在储藏过程中，对空气相对湿度要求不一样。一般以95%~100%为宜，低于90%，常会导致菇体收缩而变色、变形和变质。

③气体成分。在储存鲜菇产品时，氧气浓度降至5%左右，可明显降

低呼吸作用，抑制开伞。但是氧气浓度也不是越低越好，如果太低，会促进菇体内的无氧呼吸，基质消耗增多，不利于保鲜。几乎大多数菇类，在保鲜贮存期内，空气中的二氧化碳含量越高，保鲜效果越好。但二氧化碳浓度过高，对菇体有损害。一般空气中二氧化碳浓度以 1%~5% 比较适宜。

④酸碱度。酸碱度能影响菇体褐变。菇体内的多酚酶是促使变褐的重要因素。变褐不仅影响其外观，而且影响其风味和营养价值，使商品价值降低。当 pH 值为 4~5 时，多酚氧化酶活性最强，当 pH 值小于 2.5 或大于 10 时，多酚氧化酶变性失活，护色效果最佳。低 pH 值同时可抑制微生物的活性，防止腐败。

⑤病虫害。鲜菇保鲜时，常因细菌、霉菌、酵母等的活动而腐败变质。此外，菇蝇、菌螨等害虫也严重影响菇的质量。食用菌即使在低温下，仍会受到低温菌的污染。

2. 影响干燥作用的因素

在干燥过程中，干燥作用的快慢受许多因素的相互影响和制约。

①干燥介质的温度。空气中相对湿度减少 10%，饱和差就增加 100%，所以可采取升高温度，同时降低相对湿度来提高干制质量。食用菌干制时，特别是初期，一般不宜采用过高的温度，否则因骤然高温，组织中汁液迅速膨胀，易使细胞壁破裂，内容物流失，原料中糖分和其他有机物常因高温而分解或焦化，有损产品外观和风味，初期的高温低湿易造成结壳现象，影响水分的扩散。

②干燥介质的相对湿度。在温度不变的情况下，相对湿度越低，空气饱和差越大，食用菌的干燥速度越快。升高温度同时又降低相对湿度，则原料与外界水蒸气分压相差越大，水分的蒸发就越容易。

③气流循环的速度。干燥空气的流动速度越快，食用菌表面的水分蒸发也越快。据测定，风速在 3 米 / 秒以下，水分蒸发速度与风速大体成正比例关系。

④食用菌种类和状态。食用菌种类不同，干燥速度也各不相同。原料切分的大小与干燥速度有直接关系。切分小，蒸发面积大，干燥速度越快。

⑤原料的装载量。装载量的多少与厚度以不妨碍空气流通为原则。烘

盘上原料装载量多，厚度大，则不利与空气流通，影响水分蒸发。干燥过程中可以随着原料体积的变化，改变其厚度。干燥初期易薄些，干燥后期可厚些。

第七章　食用菌产品的市场营销

食用菌自古就被视为“山珍”，其产业有着广阔的国内外销售市场。只要实时把握市场规律，制定行之有效的营销策略，就能创造出客观的经济效益和社会效益。得市场者得发展，小蘑菇也有大市场，开创出自己的食用菌产品品牌，形成特色食用菌产业是至关重要的。

第一节　食用菌产品的市场分析

一、食用菌产品有着广阔的国内外销售市场

1. 食用菌产品畅销于国内外市场

随着我国国民经济的快速发展，居民的收入水平越来越高，对食品的需求日益提高。人们对绿色食品如低糖、低脂肪、高蛋白的食品消费需求日益旺盛，此类食品的营业额一直保持较强的增长势头。食用菌是营养丰富、味道鲜美、强身健体的理想食品，同时它还具有很高的药用价值，是人们公认的高营养保健食品。食用菌生产既可变废为宝，又可综合开发利用，具有十分显著的经济效益和社会效益。随着人民生活水平的不断提高和商品经济的进一步发展，食用菌产品不仅行销于国内各大市场，而且还畅销于国际市场。

2. 我国食用菌行业发展态势明显

我国食用菌行业发展态势明显，主要体现在连锁经营、品牌培育、技术创新、管理科学化为代表的现代食品企业，逐步替代传统食用菌业的随意性生产、单店作坊式、人为经验生产型，快步向产业化、集团化、连锁化和现代化迈进，现代科学技术、科学的经营管理、现代营养理念在食用菌行业的应用已经越来越广泛。

3. 食用菌已经到了发展的黄金时期

从国家政策和社会大环境来看，食用菌已经到了发展的黄金时期。由于食用菌栽培技术是劳动密集型产业，在解决劳动就业方面有着非常重要作用，而目前解决劳动就业问题是各级政府为民谋利的主要体现和政策取向。

4. 食用菌行业能带动其他农业

食用菌行业还能带动畜牧业、种植业的发展，是解决“三农”问题、增加农民收入的一个重要行业，在我国工业化、城镇化和农业现代化方面发挥着重要的作用，所以国家在税收政策、产业政策等方面给予了大力支持。

5. 我国是世界上最大的食用菌生产消费市场

在市场方面，我国的城市化步伐加快，大量的农村人口逐步城市化，原有城市人口的消费能力逐步增强，由于人口众多和我国经济的持续高速发展，在“民以食为天”“绿色健康饮食”的文化背景下，我国已经成为世界上最大的食用菌生产消费市场。

二、我国食用菌产销现状及销售市场的动态发展

分析我国食用菌产业现状及特征，探索破解制约食用菌产业发展瓶颈所在，提出科学合理的创新发展构想，对于做大做强食用菌产业，提高产业科技含量，挖掘产业发展潜力，提高产业经济效益，促进产业持续健康发展具有积极意义。

（一）当前食用菌产业生产方式及优劣势

1. 生产经营分散，产业集约化程度不高

据在湖北省香菇生产基地随州市的调查，户均种植段木香菇 4 000 棒、代料香菇 30 000 袋；双孢蘑菇生产大多也以小规模为主，在武汉市新洲区的生产者中，户均种植规模为 280 平方米，基本上都属于作坊式的农户生产。这种分散化的生产方式给产品质量控制、市场风险防御、产业稳定发展等带来较大困难，农户效益也难以得到有效保障，产业集约效益无法实现。

2. 生产方式较为粗放，资源消耗和环境污染现象较为严重

在当前食用菌栽培过程中，林木与农作物秸秆等原料的利用效率低，现有森林资源的材耗严重，食用菌栽培后产生的废弃物再分解与再利用效率低，没有完全实现食用菌产业的“清洁生产”，提高食用菌的生物转化

率，减少环境污染仍需重视。加强对现有森林资源的保护，以“造用结合，动态平衡”为原则，真正实现造林与用林挂钩，保护森林生态，为木腐型食用菌的可持续发展提供充足的原料和良好的生态环境任重道远。

3. 市场流通体系不够健全

虽然基本形成了以批发市场、集贸市场为载体，以农民、经纪人、运销商贩、中介组织、加工企业为主体，以产品集散、现货交易为食用菌产品的基本流通模式，以原产品和初加工产品为营销客体的流通格局。但是，食用菌市场流通规则尚未建立和完善，市场主体行为混乱无序，加之缺乏准确、快速覆盖全国的市场信息网络以及相关的市场预警系统，隐藏着较大的市场风险。

4. 食用菌加工水平较低，产品附加值不高

目前，我国食用菌初加工产品比重高于85%，主要是采用鲜销（如平菇、草菇、金针菇、白灵菇、杏鲍菇等）、干制（如香菇、木耳、银耳、猴头菇等）、盐渍（如双孢蘑菇、草菇、鸡腿菇等）、速冻等的方式。我国食用菌的深加工产品极少，特别是许多具有重要保健作用的食用菌加工产品的开发更是严重滞后，加工增值占食用菌总产值的不足10%，而日、韩等发达国家一般是30%~40%。

5. 生产成本加速上升，利润空间被压缩

调查数据显示，近几年主要生产要素成本迅速上升。木屑颗粒、优质麦麸、玉米芯、棉籽壳等价格大幅度上涨。加上国内流动性过剩（过多的货币投放量）带来的劳动力、菌种价格的上涨，食用菌生产成本增加，投入产出比下降，菇农利润空间受到压缩，生产积极性降低。

（二）现有的生产与营销模式

1. 以分散的农户生产形式

自产自销，优点是原料就地取材，设备投入资金少，成本低，部分产品就地销售与市场对接快，中间环节少，利润空间大；部分产品由销售商贩销售。缺点是生产受季节、环境影响大，产品的产量和质量稳定性差；生产规模小、分散，产品销售易受商贩的控制而缺失销售的主动权，价格

受市场影响相对波动较大。我国生产出的食用菌70%以上的产品是以这种方式进入市场，包括一些工厂化栽培和设施栽培生产的产品。

2. 龙头企业设基地带动农户的形式

其优点是组织化程度相对高一些，是以龙头企业带农户松散的合作方式，技术管理和抵御市场风险能力均增强；但属于食用菌的“中小企业”，对市场的驾驭能力稍弱，在标准化生产和满足市场周年供应上欠缺实力。

3. 农民合作社形式

近几年兴起的农民合作社，是国家为了解决农民“一家一户、各自为政”而鼓励菇农自发的、带有地域特征的合作组织；要在菇农中涌现出“经纪人”式的管理者；很多省区市的菇农均已尝试这种组织形式进入市场，并已积累了一定的经验。

4. 规模化生产经营

技术先进，资金投入大，厂房设计规范，生产环境可控性好，产品质量相对稳定，可满足市场的周年供应；但能源消耗大，生物转化率较低（大部分品种均是采收一茬），完全按照工厂化的运行模式进行，对管理团队要求比较高，承担的技术与设备、生产与市场等的风险比较高。近几年，我国在一线发达城市食用菌工厂化快速发展，每年都有生产能力在日均10~20吨的数十家食用菌工厂建成，绝大部分为初级产品，缺乏自主品牌；2009年我国工厂化企业不足50家，2014年规模化生产企业已经达到650余家，5年累计增长逾十多倍。食用菌产能也随之剧增，竞争的结果使产品售价急剧下滑，许多工厂化企业举步维艰。

（三）食用菌销售市场的动态发展

近几年，食用菌产业也面临着多方面挑战，关注发展动态，迎难而上，知彼知已，抓住机遇，勇迎挑战。

1. 出口贸易的“技术壁垒”，折射我们的质量观

近几年，出口贸易的“技术壁垒”成为制约食用菌产业发展和出口的重大障碍。我国食用菌生产主要是依靠自然气候条件，由分散农户进行生产，这种生产模式在一定时期为农民增收、食用菌发展起到重要的作用。

但新形势下，暴露出许多弊端。如农户栽培管理不严格，技术参差不齐，不注意对环境的保护等；对食用菌栽培技术和育种的研究只注重追求产量，忽视产品质量；为获得高产，有时过多地使用增产素；为防治病虫害不科学地使用农药，药残超标而被限制出口。对食用菌无公害栽培技术研究及相应生产标准和加工体系的建立没有引起足够的重视，这必将制约我国食用菌的进一步发展。

加强食用菌产品质量安全体系建设，提高产品市场竞争力尤为重要。食用菌产品质量是市场竞争力的重要决定因素，也是做大做强该产业的重要条件。建立完善的食用菌产业生态安全体系和产品质量安全体系，对于提升我国食用菌产业产品质量、安全水平和市场竞争力，促进产业增收增效和可持续发展具有重要作用。

食用菌生产具有技术含量高、实践性强等特点，为适应和解决“技术壁垒”问题，应尽快建立食用菌标准化生产体系，包括原料的选择和处理、菌种生产、无公害食用菌栽培技术、食用菌加工等技术体系，使菇农尽快能够达到“生产标准化，经营国际化”的要求。

2. 外来冲击力是双刃剑，激发市场活力同台共舞

日、韩等国家工厂化栽培的迅速发展，在于政府的大力扶持，农民在建厂时提出申请就可以获得政府 40%~50% 的固定资产投资补贴。韩国多个部门一直对食用菌产业进行扶持补助，政府对出口再加以补贴，因此，韩国产品的国际竞争力很强。

我国的食用菌产业在很多专家特别是老一辈人的艰苦努力下蓬勃发展起来，创造了辉煌的成就。但新的挑战已经来临，在新的市场经济环境下，市场的变化速度越来越快，我们不仅要做科研同时更要适应市场的变化，科研需要直接面对市场并参与市场竞争。

在全球化的今天，日、韩设备工厂和栽培工厂已投向我国，这意味着国际市场竞争的必然性，而我国的工厂化产业刚刚起步，却迎来了国际竞争对手的压力，我国的菌种科研企业及自动化设备的制造企业要面对的市场是全球性的，竞争也是全球性的。

针对目前国内、国际市场急需优质高产食用菌品种，首先应广泛收集食用菌野生种质资源，利用分子生物学技术对所收集的野生资源与表现

优良的栽培品种进行遗传差异分析，为合理选用亲本提供依据；然后以孢子或单核原生质体杂交技术为研究方法，最终培育出优质、高产、抗病虫害、抗逆性强、耐贮运、具有自主知识产权的新品种。

3. 国内消费是主力，国外市场要开拓

食用菌是一种绿色食品，适合现代人对膳食结构调整的需求，国内外市场前景一致看好。近 20 年来国内食用菌市场的需求直线上升，尤其是长三角、珠三角、环渤海湾等发达地区销量更大，仅上海地区而言，20 世纪 90 年代初，食用菌日消费量不足 20 吨，2015 年上海市食用菌产品消费量约 40 万吨。这不仅大大丰富了市民的菜篮子，满足了人们对食品安全、卫生、健康的需求，也极大地推动了我国食用菌产业的加速发展，使我国成为世界上食用菌总产量最高的国家，年生产量占世界总产量的 65%。目前，我国已是全球最大的食用菌生产国。近年来在技术上引进快，改进也快。同时，中国食用菌产业潜力巨大，如果每个中国人每天吃 3 个蘑菇，这个市场将庞大到无法估量。

欧美食用菌市场经过多年的普及推广、探索引导，消费者已从过去单一青睐白色菇类（如双孢蘑菇、平菇等），发展为对深色菌菇（如香菇、木耳、灵芝等）也普遍接受，表现为销量逐年上升，品种逐渐丰富。2013 年，我国食用菌出口量占世界食用菌贸易量的 48%，占亚洲总出口量的 80%。我国已经成为名副其实的食用菌出口大国。

第二节　食用菌国内外市场的营销策划

一、注意发展适销对路的名、特、优新品种

了解市场需求，优化品种结构，一定要选择适销对路的品种。在菌株选择中，菇农要根据当地资源、气候等条件，搞好适应性试验示范，因地制宜地发展具有区域特色的品种，特别是要注意发展适销对路的名、特、优新品种。

二、抓好规范化栽培和标准化生产的示范基地建设

实施食用菌技术推广支持政策。加大食用菌新型栽培技术推广资金的支持力度，重点用于对配套技术的试验、示范和推广应用以及对菇农的科技培训工作，促使良种良法配套，进一步提高配套技术的入户率和到位率。从生产小国到生产和消费大国，从奢侈品到寻常美食，从农业化栽培到规模化生产，食用菌的发展离不开科技。要建立符合市场需要的新技术研究和扩繁体系。各食用菌科研机构和各级菌种厂站、食用菌推广部门，应围绕食用菌优良品种选育、病虫害防治、产品保鲜、加工、储运等方面开展研究推广，及时将科研成果转化为生产力，尽快提高食用菌种植户的科技素质，抓好规范化栽培和标准化生产的示范基地建设，强化新技术、新品种的集成创新。

三、提升食用菌产业产品质量

食用菌的产品质量是市场竞争力的重要决定因素，也是做大做强食用菌产业的一个重要条件。建立完善的食用菌产业生态安全体系和产品质量安全体系，对于提升我国食用菌产业产品质量、安全水平和市场竞争力，以及促进食用菌产业增收增效和可持续发展具有非常重要的作用。

1. 促使标准体系的不断完善

可以根据绿色产品的质量标准和生产技术操作规程，制定食用菌产品的相关生产程序；可以根据各地方特殊情况，发布地方性的生产和质量标准，尤其是在主要原辅材料和生产环境的标准上，要加大质量标准的制定与实施力度。

2. 开展法规宣传，使食用菌产品质量安全观念深入人心

通过开展“农业下乡”“科技下乡”、春季农业技术培训、农业法制宣传月等活动，采取办培训班、制作电视专题片、电台热线、举办现场咨询会等，广泛深入开展《中华人民共和国农产品质量安全法》等法律法规宣传，努力使食用菌产品质量安全法律法规进村入企，家喻户晓。

3. 实行全流程标准化生产

保障食用菌产品质量安全，标准化生产是关键，在提高人们认识的同时，狠抓优质食用菌产品生产基地建设，加大产品标准化生产技术推广力度，以现代农业展示中心为依托，在各地大力兴办食用菌标准化生产技术示范区，推动食用菌标准化生产。

4. 开展投入品专项整治

强化食用菌生产投入品监管，是实现食用菌产品质量安全的保障。农药、菌种、肥料等农业投入品的使用，直接关系到食用菌产品质量安全，应当根据食用菌生产的季节特点，将常年监管与专项整治有机结合起来，组织从业人员进行法律法规和技术培训，提高经营者的安全责任意识，积极开展农资打假和市场整治，严厉查处生产、销售和使用高毒农药行为，对农资经销实行许可制度，引导经营户实行进货检查验收制度，并建立购销台账。

5. 完善食用菌产品质量检测体系

建立以市级食用菌产品质量检测机构为中心、镇级农产品质量检测站为基础的覆盖全省范围的农产品质量监测网点，建立健全食用菌产品质量安全监管体系，扩大抽检范围和加大抽检频率，从农产品生产基地到城区各农产品批发市场、超市、农贸市场，加强监管队伍建设，努力提高服务质量与服务水平。

四、加强食用菌产品加工企业的管理

食用菌产品加工企业规模偏小、精深加工水平低以及加工转化率不高是当前影响食用菌产品竞争力的重要因素，因此要采取一些有效措施进行改善。

1. 加强食用菌工作的领导和管理

食用菌产业在全国新一轮农业结构调整中被作为一个重点来抓，已列为我国高效生态农业、创汇农业和特色农业的一个重要组成部分。今后应在政策扶持、资金投入、信息引导、技术普及等方面给予支持，以加快食用菌产业的发展。另外，要加强食用菌行业管理，杜绝劣质菌种的生产和销售，为农民提供优质高产食用菌菌种。要加大资源整合，通过资产重组和结构调整，以市场前景好、科技含量高、辐射带动力强的食用菌产品加工企业为主体，将散、小、弱的企业整合为大型企业（集团），实行跨行业、跨地区、跨所有制经营，不断增强企业抗风险和参与国际竞争的能力。

2. 要建立龙头企业发展的长效机制，加大资金支持力度

各级政府要将食用菌产品精深加工纳入增加农民收入的战略规划中，加大对食用菌产品精深加工企业的扶持力度。加强对食用菌保鲜技术和深加工技术研究。

为延长食用菌鲜食品的货架寿命，应加强对食用菌保鲜技术研究，研究出保鲜效果好而且无毒的化学制剂、生物制剂和物理方法。另外，食用菌含有丰富的氨基酸、多糖和生物活性因子。因此，要重视食用菌系列保健食品的研究和开发，开发食、药兼用系列新药品。

3. 要利用新型科技成果和工业化装备来武装龙头企业

要按照“公司 + 基地 + 农户”的农业产业化经营模式，围绕食用菌优势农业产业，整合力量，突出重点，搞好企业与基地对接，不断壮大龙头企业。要利用新型科技成果和工业化装备来武装龙头企业，逐步改变食用菌产品精深加工环节的技术和工艺薄弱的现状，不断提高食用菌产品加工转化率。要针对食用菌产品的深精加工和多层增值环节发展薄弱的状况，

全方位、多层次的加大招商引资力度，借用外商的技术与资本优势，加快壮大食用菌产品加工业。

五、完善食用菌产品大市场流通体系

促进食用菌产品市场体系建设，促进食用菌产品的合理高效流通培育，完善食用菌产品市场体系是推动我国食用菌产业经营、做大做强现代菌业的重要环节。应采取政府、集体、农户相结合，多渠道、多形式地建设市场。要积极培育和完善食用菌产品物流主体，加强食用菌产品物流基础设施建设，支持食用菌重点批发市场建设和升级改造，落实食用菌批发市场用地等扶持政策，搭建食用菌产品物流信息平台，发展食用菌产品大市场大流通。

1. 建设食用菌产品批发市场体系

在食用菌主要产区和集散地，分层次抓好一批地方性、区域性的食用菌批发市场建设，打造具有较强辐射功能的专业性批发市场，改造升级传统批发市场，重点培育一批综合性产品交易市场，优化农产品批发市场网络布局。我国早在2007年曾投资兴建了4家食用菌批发市场：吉林蛟河黄松甸食用菌批发市场、黑龙江省中国绥阳黑木耳山野菜批发市场、河北平泉中国北方食用菌交易市场、福建省古田食用菌批发市场。各地也结合产业发展需求建立了一些批发市场。例如，河南省南阳西峡双龙镇食用菌交易市场、湖北随州草店镇食用菌交易市场等，为食用菌产品的营销发挥了重要作用。

2. 加快食用菌产品的流通开放

加大农产品流通项目招商引资，着重引进跨国物流公司、世界知名食用菌产品加工企业和国内大型食用菌产品经营企业，促进生产要素快速集聚，投资建设食用菌产品物流园区，或直接从事食用菌产品流通，改善产品交易和信息服务系统，提高产品流通能力，以进一步提升我国食用菌产业的国际竞争力。

3. 加快食用菌产品流通队伍建设

引导多种经济组织和专业大户参与食用菌产品流通，大力发展食用菌产品购销大户、经纪人队伍，发展代理批发商和经纪人事务所，鼓励一部分农民从生产环节脱离出来，专职从事食用菌产品贩销，带动菇农进入市场。

4. 发展食用菌产品现代流通业务

鼓励创新食用菌产品的交易方式，积极推行食用菌产品“衔接基地、连锁配送、全程控制”模式，加快发展产品连锁经营、直销配送、电子商务、拍卖交易等现代流通业务，引导和鼓励连锁经营企业直接从原产地采购，与食用菌产品生产基地建立长期的产销联盟，以农产品流通发展带动食用菌产业的专业化、产业化和规模化，提升产业竞争力。

5. 健全食用菌产品流通信息服务体系

依托食用菌产品批发市场交易平台和商务网络平台，发布世界各国和我国重要食用菌产品生产与供应信息、科技成果信息、食用菌产品主产区的气象信息、主要经销商信息、主要食用菌产品产量信息、价格信息以及预测走向等，强化信息引导生产功能和沟通产销衔接功能，实现菇农增产增收。

参考文献

邴芳玲. 2016. 食用菌中鲜味物质味感相互作用的研究 [D]. 上海：上海应用技术大学.

才华. 2015. 食用菌培养器设计研究 [D]. 南昌：南昌大学.

陈杰，徐冲. 2013. 食用菌加工产业研究现状与前景 [J]. 微生物学杂志（3）：94-96.

陈娟. 2006. 食用菌液体培养参数优化及接种装置研究 [D]. 镇江：江苏大学.

陈雪. 2014. 高纤维食用菌冷饮食品的研制 [D]. 长春：吉林农业大学.

邓燕. 2016. 中国食用菌在美国市场的需求分析 [D]. 武汉：华中农业大学.

董静. 2017. 食用菌规模化生产监控云服务方法研究 [D]. 北京：中国农业大学.

董士雪. 2018. 食用菌生产企业质量安全管理研究 [D]. 泰安：山东农业大学.

范若愚. 2018. 海林市食用菌产业发展环境与策略研究 [D]. 长春：吉林大学.

付玉. 2015. 食用菌干燥箱结构模型的模拟研究 [D]. 南京：南京师范大学.

付月月. 2013. 食用菌病毒的鉴定及脱除研究 [D]. 哈尔滨：东北林业大学.

高阳. 2016. 忻州市食用菌产业链发展研究 [D]. 晋中：山西农业大学.

谷镇. 2012. 食用菌呈香呈味物质分析及制备工艺研究 [D]. 上海：上海师范大学.

关小亮. 2011. 食用菌出口贸易影响因素及实证分析 [D]. 武汉：华中农业大学.

郭琳. 2015. 中国食用菌出口国际竞争力的研究 [D]. 哈尔滨：东北农业

大学 .
韩玥泉 . 2015. 魏县食用菌产业发展研究 [D]. 保定：河北农业大学 .
康丽娇 . 2016. 福建省食用菌出口竞争力及影响因素研究 [D]. 福州：福建农林大学 .
李才超 . 2015. 食用菌企业竞争力评价研究 [D]. 太原：太原科技大学 .
李彩萍 . 2019. 随县食用菌产业发展研究 [D]. 武汉：武汉轻工大学 .
李敏 . 2016. 山东省食用菌产业发展中的散户行为研究 [D]. 泰安：山东农业大学 .
李晓霞 . 2013. 古田县食用菌产业发展策略研究 [D]. 福州：福建农林大学 .
李玉 . 2011. 中国食用菌产业的发展态势 [J]. 食药用菌（1）：1-5.
刘昆丽 . 2019. 食用菌的经济价值及发展潜力 [J]. 中国食用菌（4）：94-96，108.
刘利 . 2013. 食用菌复合功能饮料的研发现状及趋势 [J]. 食品科技（12）：110-114.
刘艳梅 . 2019. 中国食用菌产品出口贸易态势及竞争力分析 [J]. 中国食用菌（4）：1-4.
刘洋 . 2013. 食用菌中农药多残留分析及消解动态研究 [D]. 长春：吉林农业大学 .
刘迎华 . 2019. 食用菌特色小镇与旅游融合发展的研究 [J]. 中国食用菌（2）：81-83，87.
罗青 . 2015. 食用菌营养价值及开发利用研究 [J]. 郑州师范教育（2）：31-35.
牛潇宇 . 2016. 毛竹林食用菌的生态复合经营模式研究 [D]. 杭州：浙江农林大学 .
曲玥琳 . 2014. 牡丹江地区食用菌产业可持续发展研究 [D]. 哈尔滨：黑龙江省社会科学院 .
饶毅 . 2019. 中国对日食用菌出口贸易影响因素探析 [J]. 中国食用菌（6）：57-61.
商雅茹 . 2016. 食用菌质量安全风险评价研究 [D]. 哈尔滨：哈尔滨商业大学 .
邵晓伟 . 2013. 应用食用菌渣研制水稻育秧基质的研究 [D]. 南京：南京农业大学 .

宋超. 2015. 食用菌规模化生产环境监控系统设计与实现 [D]. 泰安：山东农业大学.
孙磊. 2016. 十种常见栽培食用菌菌种保藏及菌种扩大工艺优化 [D]. 烟台：鲁东大学.
孙艳娇. 2015. 吉林省食用菌产业发展现状与对策研究 [D]. 长春：吉林农业大学.
王成. 2017. 连云港市食用菌产业发展战略研究 [D]. 昆明：云南师范大学.
王浩. 2014. 我国食用菌出口竞争力及其影响因素研究 [D]. 哈尔滨：东北林业大学.
王肖肖. 2015. 云南五种野生食用菌呈味物质研究 [D]. 昆明：昆明理工大学.
王翾. 2012. 陕西省食用菌产业发展对策研究 [D]. 咸阳：西北农林科技大学.
吴小平. 2008. 食用菌致病木霉的鉴定、致病机理及防治研究 [D]. 福州：福建农林大学.
吴雁锋. 2016. 古田县食用菌产业结构调整与转型升级策略研究 [D]. 福州：福建农林大学.
武磊. 2014. 浙江省食用菌工厂化发展现状，问题及对策研究 [D]. 杭州：浙江农林大学.
肖琪. 2011. 城市消费者食用菌购买行为研究 [D]. 武汉：华中农业大学.
谢云峰. 2013. 食用菌供应链质量安全管理研究 [D]. 武汉：湖北工业大学.
熊永生. 2014. 昆明野生食用菌资源保护与利用发展对策研究 [D]. 北京：中国农业科学院.
阳敏. 2014. 西藏食用菌产业可持续发展研究 [D]. 武汉：华中农业大学.
杨森. 2017. 南宁市食用菌产业发展现状及对策研究 [D]. 南宁：广西大学.
于丽丽. 2015. 食用菌工厂化环境控制系统的研究 [D]. 哈尔滨：东北农业大学.
余姣. 2016. 食用菌固态发酵油茶粕的初步研究 [D]. 长沙：中南林业科技大学.
岳仕达. 2015. 食用菌生长环境智能控制系统的研究 [D]. 长春：吉林农业大学.
张婧，杜阿朋. 2014. 我国林下食用菌栽培管理技术研究 [J]. 桉树科技（4）:

55-60.
张立. 2014. 随州食用菌产业对农户收益影响研究 [D]. 南京：南京林业大学.
张琴. 2014. 糊精对油炸型食用菌脆片抗氧化能力的影响 [D]. 长春：吉林农业大学.
郑航. 2017. 云南省野生食用菌产业发展研究 [D]. 昆明：云南农业大学.